HISTOIRE DE LA PÊCHE FLUVIALE

HISTOIRE

DE LA

PÊCHE FLUVIALE

PAR

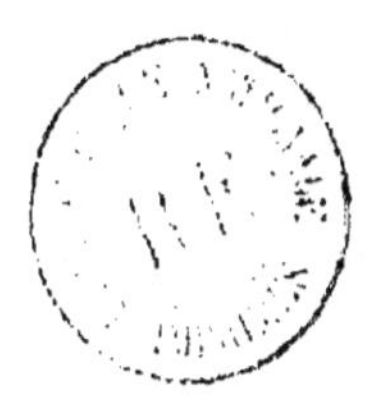

L. CHANOINE-DAVRANCHES

ROUEN
DE L'IMPRIMERIE CAGNIARD

—

1894

AVERTISSEMENT AU LECTEUR

Je n'oserais pas affirmer que le besoin d'une histoire de la pêche se faisait absolument sentir, ni que cette histoire a pour les gens étrangers aux choses du droit quoi que ce soit de captivant et d'irrésistible. Chez les personnes à émotions faciles, la pêche provoque parfois une véritable passion. On connaît des citoyens parfaitement calmes dans la vie domestique qui deviennent fiévreux ou boudeurs suivant que le lendemain ils pourront ou non s'adonner à leur occupation préférée. Les coquetteries du goujon les attirent, ils brûlent de surprendre le barbeau et de séduire la perche. La vue d'un bouchon solennel ou agité au gré du fil de l'eau et des agaceries du poisson les fascine et les absorbe. Ils le suivent d'un regard anxieux. Rien ne trouble leur patience surhumaine ; leurs insuccès ne font que ranimer leur espoir, et ils continuent à jeter sans relâche leurs hameçons ou leurs filets vers l'objet capricieux de leurs désirs. — La poursuite du poisson, je le confesse, n'a pour moi aucun attrait. Je ne goûte pas les joies pures de la pêche, et ce n'est pas par amour pour elle que je me suis décidé à suivre à travers les siècles les diverses transformations du droit qui l'autorise. J'ai recherché un but plus élevé et, comme je désire ne tromper personne, je préfère donner cet avertissement aux amis bienveillants qui consentiront à me lire : mon travail est une étude d'histoire juridique sèche et aride comme toute œuvre qui ne vise que la succession des faits et des actes législatifs. Mais comme je suis persuadé qu'on ne se doute guère des péripéties douloureuses qu'a suivies ce droit si peu contesté de nos jours, j'ai voulu les raconter. Personne, que je sache, ne les a présentées dans leur ensemble. L'intention me vaudra peut-être quelque indulgence.

C. D.

Janvier 1894.

HISTOIRE

DE LA

PÈCHE FLUVIALE

On a souvent fait l'histoire du droit de chasse. Celle de la pêche fluviale est moins connue. Cette différence de notoriété est presque un éloge. La chasse ne doit sa célébrité historique qu'à sa mauvaise réputation et aux nombreux abus auxquels elle a donné naissance jusqu'à une époque voisine de la nôtre. Il n'en est pas de même de la pêche : dans sa longue existence elle ne pourrait pas prétendre à avoir été exempte de reproches. Elle a été hautement entachée de féodalité, elle a eu ses favorisés, elle a été l'objet d'usurpations violentes et de vives réclamations ; mais régularisée progressivement, elle a pu traverser, sans provoquer des plaintes sérieuses, l'époque révolutionnaire sous le couvert des règlements établis pour elle au xvii⁰ siècle. C'est une repentie qui a su se faire oublier et rester dans l'ombre.

8

Son histoire n'est pourtant pas sans présenter quelque intérêt, à raison des graves questions auxquelles elle se rattache.

La pêche a une origine très lointaine. Répondant à un besoin d'alimentation, elle a été pratiquée de tout temps, chez tous les peuples, sans avoir été beaucoup perfectionnée, car autrefois elle se faisait à peu près avec les mêmes procédés qu'aujourd'hui. Les monuments des anciens peuples constatent son antiquité.

En Égypte, où la consommation du poisson était prodigieuse, il n'était personne au bord du Nil, selon Hérodote, qui ne possédât un filet dont on usait à deux fins en s'en servant la nuit comme moustiquaire. Ce mode de pêche n'était d'ailleurs pas le plus productif. Les débordements périodiques du fleuve donnaient lieu à des captures autrement importantes : « Dans les grandes chaleurs de l'été, dit « Élien, lorsque les eaux du Nil couvrent les campagnes, les « Égyptiens pêchent sur les terres qu'ils ont labourées la « saison précédente. Aussitôt que les eaux se sont retirées, « les poissons restés dans les lieux bas et vaseux deviennent « la proie des habitants et représentent comme une seconde « récolte. » Dans de telles conditions, il est inutile de dire que la pêche était libre. Elle n'était réservée que dans certains lacs considérés comme viviers particuliers. Celle du lac Mœris appartenait aux Pharaons qui en abandonnaient le profit aux reines d'Égypte pour leurs parures. Royal cadeau s'il est vrai qu'elle rapportait la valeur d'un talent d'argent pendant les six mois que les eaux se retiraient, et vingt mines pendant le reste de l'année, c'est-à-dire plus de deux millions de notre monnaie.

Bien que la profession de pêcheur ne fut pas honorée chez

les Juifs, elle était exercée par une partie de la population. Il en est fait mention dans divers passages des livres saints. La pêche se faisait sur les lacs, principalement sur celui de Tibériade, et n'avait d'autre restriction que l'obligation de ne pas entraver la circulation des navires.

Les Grecs, habitants d'une presqu'île, étaient pêcheurs, mais leur industrie s'alimentait surtout du côté de la mer, où elle occupait des milliers d'esclaves. Dans les premiers temps, le poisson servait à la nourriture des indigènes pauvres : les compagnons d'Ulysse ne se décident à en manger que lorsqu'ils sont poussés par une faim dévorante. — Plus tard le commerce amena la richesse et le luxe de la table. Le poisson fut recherché pour la délicatesse de sa chair. On se livra à la pêche avec ardeur et l'on apprit à en tirer profit. Un trafic considérable de poisson salé se faisait avant le règne d'Alexandre, de même que celui du *garum*, sorte de préparation qui se fabriquait avec les intestins de certains poissons et dont la notoriété se répandit rapidement au dehors. Toutefois ce commerce ne venait guère que de la pêche maritime. Celle qui se faisait en eau douce était plus restreinte. Exploitée à l'embouchure des petites rivières du pays, elle était médiocrement fructueuse. Les poissons qu'on y prenait sont peu connus. L'anguille seule était tenue en grande estime. Aristophane plaisante les Égyptiens de l'avoir assez respectée pour en avoir fait un dieu. Il l'appelle l'Hélène des festins et recommande celles du lac Strymon. Les Grecs pêchaient au feu et à l'aide de harpons qu'ils lançaient adroitement. Ceux de l'Iliade se servent de la ligne et du filet.

Il est presque oiseux de dire que les habitants des rivages

de la Baltique ont été adonnés à la pêche. Ils en faisaient, avec les actes de piraterie, l'objet de leurs occupations habituelles. Dans les pays qu'arrosent l'Oder et la Vistule, Curch présidait aux lacs et aux fleuves, Pœrdoyti à la mer. C'est assez dire que la pêche était autant pratiquée dans les rivières qu'en eau salée. Pour fêter les deux divinités et se les rendre favorables, on leur offrait solennellement les prémices de la capture, et dans le banquet qui suivait ce sacrifice, on mangeait uniquement des poissons grillés. La bière et l'hydromel coulaient à pleins bords ; puis le pontife se levait, divisait les vents et indiquait le jour et le lieu où l'on pouvait espérer une pêche fructueuse.

Les livres de l'Edda proclament le goût que les Scandinaves avaient pour la pêche : un des titres de gloire d'Other est d'avoir été l'inventeur des filets.

Les Gaulois primitifs n'étaient pas seulement d'infatigables et adroits chasseurs. Ils cultivaient la pêche avec intelligence. Pline rapporte (XI, 9), que sur le littoral de la Méditerranée ils dressaient des dauphins à prendre des muges et leur donnaient pour récompense du pain trempé dans du vin.

Si les peuples nouveaux, *les Barbares,* appréciaient la pêche pour l'adresse et la patience qu'elle réclame autant que pour ses produits, il est remarquable que la plupart des nations de l'ancien monde ne la tenaient pas en honneur. Ceux qui la pratiquaient appartenaient d'ordinaire à la plus basse classe de la population. Égyptiens, Juifs, Grecs estimaient peu les pêcheurs de profession. Il en fut de même à Rome : « On « regarde, dit Cicéron (*De Officiis,* I, 42) comme bas et sor- « dides les métiers de mercenaires et de tous ceux dont on

« achète le travail et non le talent, car le salaire est pour
« eux un contrat de servitude..... Il ne peut sortir rien de
« noble d'une boutique ou d'un atelier et l'on ne peut avoir
« trop de mépris pour des métiers, pourvoyeurs de nos
« débauches, comme dit Térence, ceux des pêcheurs, bou-
« chers, poissonniers..... »

Cette injuste prévention ne fit qu'augmenter sous l'empire. Le code Théodosien (Lib. X, tit. XX) obligea tout
homme qui épousait une femme de la classe des pêcheurs
de murex à devenir lui-même pêcheur. — Ces artisans
n'étaient pourtant pas à dédaigner et souvent, quoique vils,
ils ont été flattés et recherchés : On sait que les ouvriers
libres de Rome formaient des sociétés puissantes, établies à
peu près sur le même modèle que nos corporations du moyen
âge ; or, en matière électorale, le vote des corporations était
chose grave et qui méritait l'attention. Les collèges d'ouvriers composés d'affranchis n'avaient pas voix délibérative
dans les comices par curies composés uniquement de patriciens, mais il n'en était pas de même dans les comices par
centuries. Ils y exerçaient une réelle influence politique,
trop fréquemment exploitée par les agitateurs populaires.
Marius, Sylla, Clodius, Catilina surent y faire appel. On a
retrouvé d'une façon indiscutable la trace de leur action :
dans des inscriptions murales récemment mises à découvert
à Pompéi la corporation des pêcheurs soutient la candida-
ture à l'édilité de plusieurs de ses associés.

La pêche a d'ailleurs suivi en Italie des phases diverses.
Tant que Carthage a été l'objet de la préoccupation jalouse
des Romains, la pêche a été regardée comme un des moyens
de pourvoir à l'alimentation. Après la guerre, Rome céda

insensiblement aux douceurs du bien-être et de la mollesse.
Il fallut satisfaire aux raffinements d'une vie toute de sensua-
lité. Les plaisirs de la table devinrent l'objet des constantes
préoccupations des riches patriciens. On envoya chercher
dans toutes les régions de l'Europe, de l'Asie et de l'Afrique,
les poissons les plus rares pour en peupler les viviers.
Quelques-uns d'entre eux atteignaient des prix insensés,
comme l'esturgeon que des esclaves couronnés de fleurs
apportaient au son des instruments, la dorade si aimée de
Sergius Dorade qu'il en prit le nom, le mulle qu'on déposait
vivant sur la table pour que chaque convive jouît, au moment
où il expirait, du changement de ses couleurs. Un riche
chevalier en acquit un du poids de quatre livres au prix de
quatre mille sesterces (Sénèque, Epist. 95). Asinius Celer
en paya un autre huit mille, et, suivant Suétone, trois beaux
mulles furent vendus trente mille sesterces.

On voit que la bonne chère était devenue très dispen-
dieuse, mais les Romains ne recherchaient pas seulement le
poisson pour le luxe de la table. Ils achetaient les plus rares
par amour-propre, en vue de la seule satisfaction de s'en dire
propriétaires, de les voir et de les montrer. Pour les nourrir
et les conserver dans un état convenable, à raison des
milieux si divers où ils avaient été pris, on demanda à l'industrie des hommes ce que la nature ne procurait pas. Partout dans les villas des riches patriciens et des chevaliers,
furent créées de merveilleuses piscines qu'on alimentait avec
les eaux de la mer ou des eaux de source maintenues à des
températures variées. La monomanie de la pisciculture fut
portée à un tel degré d'acuité que les revenus des vastes
propriétés où ces viviers étaient situés suffisaient à peine à

leur entretien. Les poissons qu'on y élevait étaient un objet de curiosité et d'amusement. On parvint, à force de patience, à une sorte de dressage d'un nouveau genre. Chaque poisson recevait un nom et s'habituait à venir quand on l'appelait : « Nos grands hommes, écrit Cicéron à Pompo-« nius Atticus, croient toucher le ciel du doigt quand ils « ont dans leurs piscines des vieux barbeaux qui viennent « manger à la main et ils ne se soucient plus des affaires de « l'état. » Le grand orateur était admirablement placé pour connaître les dépendances des splendides villas qui avoisi-naient la sienne dans le golfe de Naples. On citait, parmi les plus luxueusement organisées, celles d'Hortensius, de Pollion et de Lucullus. La dernière, après la mort de son propriétaire, donna lieu à une adjudication célèbre. On y vendit, à la requête de Caton d'Utique, tuteur des fils de Lucullus, pour neuf millions de sesterces de poisson. — La villa de Pollion fut plus tard léguée à l'empereur Auguste. On y voyait un poisson de soixante ans. Les barbeaux, les mulets, les murènes avaient appris à répondre à la voix du nomenclateur chargé de leur apprendre à connaître leur maître et à venir, à sa voix, lui baiser la main.

Antonia, fille de Drusus et belle-fille de Tibère, avait pour les hôtes de ses viviers une telle prédilection qu'elle avait attaché des pendants d'oreille aux ouïes de l'une de ses murènes préférées. Le censeur Crassus prit le deuil à la mort d'un poisson de la même espèce.

Avec le temps, le goût des viviers se répandit dans les provinces. En Gaule, les piscines furent nombreuses, mais établies dans un but d'intérêt plus pratique et seulement pour les besoins de l'alimentation domestique. La plupart disparurent au milieu des invasions barbares, ou même par défaut d'entretien.

Dans quelles conditions la pêche fluviale s'exerçait-elle dans les États soumis au peuple romain? Quelques auteurs, MM. Rives et Dalloz, enseignent qu'à Rome les cours d'eau appartenaient à l'État ou aux particuliers, suivant qu'ils étaient ou non permanents. Les torrents soumis à un cours intermittent auraient été seuls susceptibles de propriété privée. — M. Daviel ne va pas si loin, il réserve à l'État les rivières navigables et abandonne les autres aux particuliers. — Ces théories sont trop générales. Elles ne considèrent que la législation romaine modifiée au vii⁰ siècle, sans tenir compte de celle qui l'avait précédée. — Primitivement, les cours d'eau, grands ou petits, permanents ou non, ont incontestablement appartenu aux propriétaires des terrains qu'ils traversaient. Il en avait été ainsi de tout temps. Il en fut surtout ainsi à partir du jour où la République eut goûté aux enivrements de la gloire. Le territoire romain se composait en effet de terres conquises ; elles formaient l'ensemble de l'*Ager publicus*. Les patriciens commencèrent par s'en attribuer la plus large partie, consentant à en concéder quelques lambeaux à leurs clients et à abandonner à la plèbe la jouissance de certains pâturages restés communs. Quand l'Italie eut été conquise, ils se l'approprièrent, et par achat ou par violence, devinrent maîtres des héritages de leurs voisins pauvres. Appien a décrit la situation du malheureux paysan écrasé d'impôts et chassé des biens paternels par la misère ou par la force (*Guerre civile*, I, 7).

Les lois agraires n'ont pas eu d'autre but que d'arriver à une meilleure répartition du domaine public. On sait com-

ment les Grecques succombèrent à la peine. L'*Ager publicus*
augmenté des immenses contrées qui devinrent les provinces, n'en disparut pas moins rapidement par suite de
ventes directes ou de concessions que les généraux victo-
rieux faisaient à leurs soldats. Sylla en donna le premier
l'exemple en divisant l'Italie entre quarante-sept légions.
César établit en Gaule cent vingt mille légionnaires. Antoine,
Octave firent des distributions pareilles. Au milieu des
latifundia, le domaine du prince émergeait d'autant plus
considérable qu'il s'agrandissait tous les jours des biens
vacants, des successions caduques, des amendes et surtout
des confiscations devenues de plus en plus fréquentes avec
les crimes de lèse-majesté. L'*Ager publicus* fut donc absorbé,
d'abord à l'état de possession précaire et provisoire, plus tard
à l'état de propriété. Or, et c'est ce qu'il faut retenir, tous
les héritages cadastrés par l'*auctor assignationis* comprenaient
les cours d'eau qui les traversaient, et les rivières furent privées ou publiques, suivant la nature privée ou publique des
terrains dans lesquels elles étaient comprises (Sicculus
Flaccus).

Le Digeste classe nettement les rivières en deux catégo-
ries : « *Flumina quædam publica sunt, quædam non* (L. XLIII,
« titre XII, § 3). » On ne distinguait pas entre les grands et
les petits cours d'eau « *Multa flumina et non mediocra in adsi-*
« *gnationem mensuræ antiquæ ceciderunt* (Aggenus Urbicus,
« p. 70) ». — Les édits des préteurs confirment ces principes. Ils réglementent la police des seules rivières publiques,
ou pour mieux dire de celles parmi ces rivières publiques
qui sont navigables, et exclusivement au point de vue de la
facilité et de la sécurité de la navigation (Digeste, *eod.*).

« *Hoc ergo interdictum ad ea tantum flumina (publica) pertinet*
« *quæ sunt navigabilia ; ad cætera non pertinet.* » Dès lors,
ils ne s'occupent pas de celles dont le cours est intermittent.
« *Publicum flumen esse Cassius definit quod perenne sit.* » —
Ulpien ajoute : « *Hæc sententia Cassii quam et Celsus probat,*
« *videtur esse probabilis.* »

L'intervention du préteur, si limitée qu'elle fût, amena
progressivement une transformation dans le principe de la
propriété. Il se créa une classe de cours d'eau, les plus
grands, ceux qui étaient navigables. On finit par considérer
qu'en ce qui les concernait, l'intérêt public dominait le droit
particulier (1). La porte était ouverte à l'appropriation de
l'État. Les rivières navigables tombèrent dans le domaine
public ; leurs bords, bien qu'appartenant aux riverains et leur
profitant pour la récolte des plantes et des arbres, furent
soumis à une servitude d'intérêt général au profit de la navigation (Hennequin, *Traité de navigation,* p. 321).

Or, dans toutes ces rivières publiques ou privées, comment s'exerçait la pêche ? La question est d'autant plus
intéressante qu'à Rome elle était plus appréciée. Les pauvres
la pratiquaient pour le profit qu'ils en tiraient. Les riches y
trouvaient une distraction qui prit d'autant plus de faveur
qu'on vit les puissants du jour s'y adonner. Auguste, Anto-
nin et Commode la cultivaient avec adresse. Néron, qui était
fastueux jusque dans les petites choses, ne faisait usage que
de filets d'or teints de pourpre. « *Piscatus est rete aurato pur-*
« *pureo coccoque funibus textis* (Suétone, IX). »

(1) Les Édits prétoriens leur donnent le nom d'*iter navigii,* leur accordent la
même protection qu'aux chemins publics et les rendent inaliénables comme eux
(Dig. LI, § 1. D. 43, 14).

La pêche était-elle donc absolument libre? Oui, sans doute, si l'on considère qu'elle n'était assujettie à aucune autorisation des pouvoirs publics. Mais pouvait-on la pratiquer indistinctement dans toutes les rivières ? La réponse est plus délicate. Quelques auteurs tiennent pour l'affirmation en se basant sur le texte connu des Institutes : « *Flumina autem* « *omnia et portus publica sunt, ideoque jus piscandi omnibus* « *commune est in portu fluminibusque* (1). » Ils croient que Justinien a classé tous les cours d'eau indistinctement dans le domaine public et que, dès lors, le droit de pêche y est devenu commun pour tous. Leur opinion est vivement combattue. Il paraît en effet difficile d'admettre que Justinien ait, d'un mot, ordonné une mesure aussi grave que l'expropriation générale des cours d'eau à une époque où la propriété paraissait inébranlable. C'eût été une révolution qui aurait occasionné une émotion profonde dont on trouverait trace dans l'histoire, tandis qu'après la publication de la loi, rien ne semble avoir été changé à l'état de choses préexistant. Peut-être n'a-t-on pas remarqué que le texte invoqué n'est pas isolé. Si l'on avait pris soin de le rapprocher d'un article voisin qui le complète (2), on aurait vu que les rivières dont l'empereur se préoccupe sont uniquement les rivières navigables. MM. Wodon et Pezeril ont merveilleusement élucidé cette question, le premier dans son *Trait*

(1) Lib. II.

(2) *Instit.*, Liv. II, art. 4. — Riparum quoque usus publicus est juris gentium sicut ipsius fluminis. Itaque naves ad eas appellere, funes arboribus ibi natis religare, onus aliquod in his reponere, cui libet liberum est sicut per ipsum flumen navigare sed proprietas earum illorum est quorum prædiis hærent.....

18

du droit des eaux (I, 95), le second dans son *Étude sur les eaux du domaine public à Rome* (p. 24). Déjà au XVIᵉ siècle, Vinnius avait fait observer (*Institutes, de rerum divis.*, §2, 2), que la publicité proclamée par la loi ne s'appliquait qu'à l'usage. La faculté de laver, de se désaltérer, d'abreuver les bestiaux peut être commune à tous, le droit de pêche appartient privativement au propriétaire du cours. MM. Championnière et Daviel professent la même opinion. La pêche n'était donc absolument libre à Rome que dans les rivières publiques.

Il était utile de connaître ces principes pour comprendre la législation franque. La conquête de la Gaule, en effet, ne s'est pas faite en un jour. Depuis longtemps les barbares s'étaient infiltrés dans l'empire romain. Quand le chef des Francs eut anéanti ce qui restait des troupes impériales, il se garda bien de modifier l'administration du pays. Il changea seulement les agents du pouvoir et substitua les Francs aux Gallo-Romains dans les places que ces derniers avaient occupées. Pour le reste, tout fut maintenu ; la propriété privée fut respectée et garda son caractère : « les forêts, les patu-« rages, les cours d'eau furent, comme sous l'empire, « susceptibles d'être possédés en propre (Fustel de Cou-« langes, *Instit. primitives*, p. 523). » A part certaines dépos-sessions imposées à quelques grands propriétaires enrichis aux dépens de l'*Ager publicus*, le domaine impérial suffit à tous les appétits. Il était assez vaste pour cela. Les Bur-gondes, les Wisigoths se sont réservé les deux tiers du sol (1). Au dehors, les Hérules, les Ostrogoths et les Lom-

---

(1) Mancipiorum tertiam, et duas terrarum partes (Loi Bourg., tit. LIV et LV. — Loi Wisig., liv. X, titre I).

bards se sont fait une large part à leur convenance (1). On ne trouve pas, dans l'histoire, la preuve que les Francs aient agi de même. Ils n'ont pris que les terres du fisc, *in pecunia populi*, les rois s'attribuant des domaines plus nombreux et plus étendus. Personne n'y trouvait à redire. Ils avaient la force et, pour se faire obéir, ils avaient eu soin de réunir dans les mains de leurs agents les pouvoirs civils, judiciaires et militaires autrefois séparés. Ils étaient des rois absolus et s'étaient fait des délégués à leur image, omnipotents comme eux. On eût en vain cherché dans les lois une garantie contre l'arbitraire de leurs décisions.

Donc, en principe, la propriété particulière fut sous les rois francs ce qu'elle avait été antérieurement. Elle s'accrut même du partage des biens du fisc, et chacun des partageants, roi, seigneur, barbare ou romain, fut maître de son lot comprenant les rivières qui le traversaient, avec cette réserve cependant que les rois se disant les successeurs des empereurs conservèrent pour eux les fleuves et rivières navigables, qu'ils fussent ou non dans leur part. On aurait pu leur objecter que les cours d'eau navigables faisaient partie du domaine public inaliénable et n'avaient jamais appartenu aux empereurs, mais ils n'y regardaient pas de si près. Ils s'en déclarèrent propriétaires, non pas à titre d'achat comme le suppose une légende (2), mais par voie d'acquisition par occupation.

Du reste, la propriété de ces allotissements n'a jamais été contestée. Elle était acceptée de tous, et les droits que la

---

(1) Cassiodore, II, 16. — Procope, I, 1.

(2) Dalloz, v° Eau, n° 9.

royauté s'était arrogés sur les cours d'eau navigables ne paraissent pas plus douteux que les autres. La preuve en est dans les nombreuses concessions faites par elle et tenues par tous comme régulières et définitives. La première de toutes ces concessions est celle de Childebert au profit de l'abbaye de Saint-Vincent, de Paris (aujourd'hui Saint-Germain-des-Prés). La charte constate un abandon du droit de pêche, en Seine, à partir du pont de Paris jusqu'au ruisseau de Sève. M. Rives (*Traité des eaux courantes*, p. 26 et suivantes), en cite beaucoup d'autres émanant des successeurs de Clovis.

Les rois de la seconde race font de même... Charlemagne donne à la cathédrale d'Utrecht la rivière de Lecca. Louis le Débonnaire concède aux religieux de Saint-Aubin une masure avec droit de pêche. Eudes, en 888, attribue à l'église de Saint-Denis une conduite d'eau au-dessus et au-dessous de la rivière de Redon. Charles le Chauve concède à la même abbaye le droit de pêche de Lisiny à Taveaux et depuis la Saure jusqu'à Chambrieu.

Vient la troisième race : Huges Capet abandonne à l'abbaye de Saint-Magloire le droit de pêche en Seine, de la pointe de l'île Notre-Dame, à Paris, jusqu'au grand pont. Comme l'autre partie avait été concédée par Childebert à l'abbaye de Saint-Vincent, tout le cours de la Seine, dans Paris, se trouvait avoir été aliéné. C'est seulement au-dessus que la rivière prenait le nom de l'eau du roi. Cette partie même fut donnée à Guérin du Bois, par Philippe le Bel, jusqu'à Villeneuve-Saint-Georges.

On ne saurait avoir la prétention de rappeler toutes ces concessions; « les collections historiques, dit M. Rives,

« sont remplies de chartes d'aliénation des cours d'eau, *cum*
« *aquis aquarumque decursibus*. » Or toutes étaient en propriété : « *Jure perpetuo... cum piscationibus et jure navium*. »
— « *Has omnes piscationes quæ sunt et fieri possunt in utraque*
« *parte fluminis, sicut nos tenemus et nostræ forestis est, tra-*
« *dimus ad ipsum locum* (Charte de Childebert) ». Pour
concéder et transmettre la propriété des cours d'eau du
domaine et des rivières navigables, il fallait la posséder. On
peut donc tenir pour assuré que les rois étaient considérés
comme propriétaires incontestables de ces cours d'eau et du
droit de pêche qu'on y exerçait au même titre que les
particuliers l'étaient de la pêche dans leurs rivières.

Mais toute médaille a son revers : si les concessions
royales confirmaient les prétentions du pouvoir, elles
avaient pour effet immédiat de le dénantir au profit de son
adversaire le plus redoutable, la féodalité. Le domaine en
était appauvri. Il le fut encore bien davantage lorsque l'édit
de Kierzy-sur-Oise, confirmant la noblesse féodale dans la
possession définitive et patrimoniale des avantages dont elle
n'avait en principe que la jouissance viagère, mit entre les
mains des seigneurs un grand nombre de cours d'eau. Le
droit de pêche devint un des attributs de la souveraineté
féodale. M. de Beaurepaire, dans son ouvrage de la *Vicomté
de l'eau*, cite de nombreux exemples de droitures en Seine
qui proviennent évidemment de concessions ou d'usurpations.

Il est remarquable que dans le long ressort de la vieille
juridiction rouennaise le cours de la Seine a été, au point
de vue de la pêche, à peu près complètement entre les mains
des seigneurs riverains, avec ou sans redevances. A part les

22

droits directs conservés par le domaine dans les eaux de Vernon, d'Andelys et de Rouen (du Becquet à la Bouille), la pêche du fleuve était réclamée, chacune dans son fief, par les seigneurs de Tourny, Tournebu, Toëni, la Motte, Heuqueville, les religieux de Bonport, Saint-Ouen, Saint-Paul, Boscherville, Jumièges, Saint-Wandrille, Grestin, les seigneurs de Martot, Elbeuf, Oissel, Gouy, du Mont-au-Berger, Mauny, Bardouville, Ambourville, Berville, Anneville, Maulévrier, Villiquiers, Tanquarville, Marais-Vernier, Grasquenne, Quillebeuf, Honfleur, etc., etc. (1).

Il en était de même sur l'Epte, l'Andelle, l'Eure, l'Iton, la Risle (2). Retracer tous les droits prétendus serait allonger inutilement un travail que l'on trouvera complet dans l'*Histoire de la Vicomté*.

On voit que la féodalité s'était fait une large part. Elle s'en fit une bien plus grande en dépouillant les particuliers : Dans ce royaume de création récente, en effet, rien n'était nouveau que le nom. La domination romaine avait été si parfaitement organisée pour l'exaction, elle avait depuis si longtemps écrasé les populations sous sa main pesante, que les barbares n'auraient pas su mieux faire. Les comtes continuèrent les errements de leurs prédécesseurs. Ils se firent encore plus durs pour s'enrichir plus promptement. L'arbitraire de leur administration contenu par Charlemagne, plus libre sous la surveillance nominale de ses faibles successeurs, se trouva un jour sans contrôle. Alors les hauts justiciers s'armèrent de la puissance publique, le droit de *ban* devint

(1) P. 135 à 180.
(2) P. 221 à 246.

patrimonial comme la justice. On s'en servit dans un but d'intérêt privé pour consacrer des usurpations de toutes sortes. La pêche et la chasse furent interdites aux particuliers sur leurs propres héritages. Les barons s'en réservaient les profits ; les rivières devinrent banales. Elles ne leur appartenaient pourtant pas : le droit de justice n'emportait pas celui de propriété du sol (1). Le baron haut-justicier n'avait que la seigneurie publique de son arrondissement comme le propriétaire d'un fief avait le domaine utile de sa circonscription censuelle, mais il savait imposer sa défense, *son ban*, et la banalité qui était une violence finit par se faire reconnaître par la loi comme un des éléments du droit de justice. Le gentilhomme possesseur d'une eau courante qui traversait sa terre ne pouvait y défendre la pêche que du consentement du baron haut-justicier dont elle dépendait et de l'assentiment du vavasseur ou bas-justicier : « Se aucuns « gentishons avait eüe qui corust par sa terre et i eust coru, « et la vousist défendre que l'en i peschat pas, il ne le « porrait fère sans l'acort du baron en qui chastelerie ce « serait et sans l'accord du vavassor. » (*Établissements de Louis IX*, art. 127).

C'est ainsi que s'établirent les banalités des rivières, qu'on a appelées plus tard les deffens ou garennes, car ces deux mots, qui ont la même signification, s'appliquaient aussi bien à la pêche qu'à la chasse. Dire qu'elles étaient antipathiques à la population est inutile. Nées d'un abus de la puissance, injustes et vexatoires au premier chef, elles provoquèrent de nombreux soulèvements au Xe siècle :

---

(1) Fief et justice n'ont rien de commun ensemble. (Loysel, *Inst. cant.*, Liv. II, Titre II, reg. 44).

« *Nam rustici unanimes per diversos normanniæ patriæ co-*
« *mitatus, plurima agentes conventicula, juxta suos libitus*
« *vivere decernebant, quatemus tam in silvarum compendiis*
« *quam in aquarum commerciis, nullo obsistente ante staturi*
« *juris obice, legibus uterentur suis* (Guill. de Jumièges,
« ch. II). » — Les paysans normands voulaient avant tout
conquérir la liberté des eaux et des forêts :

> « Ainsi porum aler as bois
> « Arbres tranchier et prendre à chois,
> « *Es rivers prendie li pessuns,*
> · Et as forez li veressuns. »

(Roman de Rou, vers 6049 et suiv.).

Le duc Henri Court Mantel fit droit à leurs plaintes en
renonçant à l'avenir à toute banalité de rivière. Sa charte
est datée de 1155 : « *Concessimus et dedimus omnibus liberis*
hominibus Normanniæ in perpetuum, omnes has libertates sus-
criptas, habendas et tenendas in heredibus suis de nobis et here-
dibus nostris...

« Art. 20. — *Nulla riparia defendatur de cætero nisi illæ*
quæ fuerunt in defenso, tempore Henrici regis avi nostri, et per
eadem loca et eosdem terminos qui esse consueverunt tempore
suo. » (Championnière, p. 598).

Contre ces garennes, objet de l'exécration publique, les
jurisconsultes des xi, xii et xiii siècles s'élevèrent avec
énergie. Leurs protestations permirent à la royauté de
commencer utilement la lutte énergique qui finit au
xv siècle par la disparition à peu près complète des banalités primitives.

Comment la pêche, qui représente en somme, pour

chaque particulier, un intérêt relativement médiocre, a-t-elle pu provoquer des usurpations aussi violentes et des rebellions aussi formidables que généralisées ? On serait tenté de s'en étonner si l'on ne savait qu'au moyen âge elle était plus qu'un besoin, une nécessité. L'agriculture était à l'état d'enfance ; le sol, mal aménagé, donnait des récoltes chétives, trop souvent ravagées par l'innombrable gibier qui garnissait les forêts. Faute de communications, les disettes étaient fréquentes. Le produit de la pêche devenait un objet souvent indispensable d'alimentation. Le peuple qui en était privé se disait, en se soulevant, qu'il luttait pour la vie. Cette seule considération suffirait pour expliquer ses révoltes.

Mais le poisson n'était pas seulement réclamé pour l'alimentation générale. La foi religieuse, si vivace à ces époques troublées, l'imposait à titre de rigoureuse observance pendant les jours maigres, et la privation en était d'autant plus pénible qu'il était plus difficile d'y suppléer. Ajoutons que le poisson était alors très recherché comme nourriture, et que jamais, comme au moyen âge, on n'en fit pareille consommation. Un manuscrit ancien nous a conservé le menu en poisson d'un repas pantagruélique que la ville de Reims a offert à Philippe VI, à l'occasion de son sacre. Il y a été servi 2,619 carpes, 243 saumons salés, 6 barils d'esturgeons conservés, 11 esturgeons frais, 3,157 anguilles, 240 brèmes, 37 grands brochets, 201 brochets moyens, 500 petits, 50 perches, 100 barbeaux, 389 tanches…, etc. Le prix de tout ce poisson s'éleva à la somme alors considérable de 2,864 livres parisis. Quelque fût le nombre des convives, on ne peut se dissimuler qu'ils devaient avoir pour le poisson une prédilection marquée.

La carte de ce festin nous permet de faire une première remarque, elle est relative à l'esturgeon. Ce poisson, commun dans l'Est de l'Europe, a toujours été rare dans les pays du Nord et de l'Ouest ; aussi était-il regardé comme un mets de grand luxe, exclusivement destiné à la table des grands. Les rois d'Angleterre se le réservaient. Les soins jaloux qu'ils mettaient à le conserver détermina dans la noblesse, et même dans la bourgeoisie anglaise, un désir d'autant plus violent d'en manger qu'il était plus difficile de se le procurer. Il atteignait des prix exorbitants; l'engouement croissait à proportion. Henri VII, pour satisfaire aux désirs de ses sujets, dut déroger aux statuts qui prohibaient l'introduction dans son royaume de tout poisson d'origine étrangère. On achetait l'esturgeon en Flandre et en Normandie, et, de là, on l'expédiait dans les ports anglais.

Encore n'était-il pas facile en Normandie de s'en procurer. Dans leur pays d'origine, en effet, les Normands gardaient l'esturgeon pour leurs chefs. Ils avaient importé ce privilège en Neustrie en faveur de leurs ducs, et ceux-ci faisaient acte de faveur signalée lorsque, par hasard, ils en concédaient la pêche à quelques rares privilégiés. Ainsi, le sire de Tancarville obtint le droit d'esturgeon depuis son château jusqu'à Honfleur. Les esturgeons devaient donc figurer au premier rang sur la table de Philippe VI au festin de la ville de Reims.

On a aussi remarqué dans le menu un nombre considérable de carpes, de tanches, d'anguilles, de brochets..., etc. Ces poissons provenaient en général des viviers. L'usage s'en était répandu en Gaule. Beaucoup de petits particuliers se faisaient des viviers de leurs mares : l'habitude n'en est même pas encore perdue, et dans beaucoup de communes de la Normandie on se procure ainsi d'agréables réserves. Mais les grands viviers étaient surtout formés par des barrages sur les cours d'eau, ou au moyen d'étangs alimentés par des rivières dans des conditions que réglaient les diverses coutumes du pays. Charlemagne en avait un grand nombre dont il se préoccupe dans ses *Capitulaires* (Baluze, cap. I., 340-381). Il les faisait surveiller et pleupler avec soin, et en faisait vendre la pêche à son profit personnel.

Beaucoup d'étangs ont été ainsi formés : celui des Andelys, qu'avait produit une accumulation des eaux du Gambon, remonte à une haute antiquité. On y prenait des poissons estimés, aussi le faisait-on surveiller par des gardes que les rois d'Angleterre eurent soin de conserver pendant leur domination passagère : Robin Predehouse était nommé par Henri V à cette fonction le 23 juillet 1419, et Guillaume Le Jeune le 16 août 1420 (collection Brequigny). Mais, à raison du manque d'entretien, des vases s'accumulèrent, une prairie se forma. D'une contenance originaire de cinquante acres, l'étang des Andelys n'en avait plus que vingt-huit au XVIIe siècle (aveu de François de Bassompierre), et les produits avaient dû en baisser rapidement, car Louis XI l'avait inféodé en septembre 1462, moyennant une rente de six sous tournois seulement, à Me Louis Picart, son notaire et secrétaire.

L'étang de Breteuil rapportait davantage : Jean de Garancières, chambellan de Charles VI, l'avait en effet, sur l'ordre du comte de Tancarville, fait pêcher le 14 février 1409, et bien qu'on eût rejeté à l'eau cinq à six cents poissons « brochets de un pié de char et plus, tenches, brémas et « fré », le produit en avait été vendu deux cent sept livres deux sous six deniers tournois. (Document spécial.)

On sait que le vivier de Martainville, établi au Pré-au-Loup, avait été donné par Louis IX à l'archevêque de Rouen, avec ses dépendances, moyennant une rente de quarante-cinq livres, dont il fit l'abandon deux ans après, en échange de la terre où s'établirent plus tard les Emmurées.

Il reste encore un important étang au marais Vernier. Il serait puéril de chercher à indiquer les autres. Presque tous ont suivi le sort de celui d'Andelys. Ils ont disparu faute d'entretien et constituent maintenant de fertiles prairies. Leurs eaux formaient au premier chef une propriété en deffens dont nous étudierons plus tard les règles particulières de création et de pêche.

Nous avons indiqué les conditions abusives dans lesquelles s'étaient imposées les banalités féodales et l'époque où elles avaient pris fin. Il ne faudrait pas croire que l'interdiction de pêcher en rivière s'est partout établie par la violence et que les banalités ont disparu complètement à la fin du XIVe siècle. Ce serait proclamer un fait contraire à la vérité historique et confondre deux ordres de choses absolument distincts, la garenne féodale primitive avec la réserve de pêche stipulée dans les contrats d'inféodation au profit du seigneur du fief sur ses rivières propres ou les cours d'eau de ses vassaux dont ceux-ci lui avaient présenté aveu. Cette dernière, licite à l'origine, comme toute clause d'une convention librement consentie, est inscrite dans de nombreux aveux, et elle s'est perpétuée jusqu'à la Révolution. Elle n'avait pas le caractère odieux des banalités, mais, lorsque avec le temps le souvenir du contrat se fut effacé et qu'on n'a plus considéré que le fait gênant et vexatoire de l'interdiction, on a infligé à la défense contractuelle, injustement d'ailleurs, la dénomination de banalité ou de garenne et la mauvaise réputation attachée à ces appellations. Il est inutile de dire que les ordonnances restrictives des garennes de pêche ne s'appliquent pas à ce genre de deffends.

Toutefois, quelle que fût l'origine du droit, concession, usurpation, violence ou convention, il n'en était pas moins constant que, à quelques exceptions près, la plupart des rivières étaient devenues banales, de même que sur le plus grand nombre des fleuves ou des cours d'eau navigables les seigneurs prétendaient presque exclusivement à la pêche. Partout où elles étaient tombées entre leurs mains, ils en usaient à leur volonté, sans restriction et par les modes qui leur semblaient les plus profitables. Le défaut de réglementation pouvait avoir, pour la conservation du poisson et l'alimentation publique, de trop graves conséquences pour qu'on ne cherchât pas à remédier à cet état de choses inquiétant. L'entreprise était lourde et difficile; on se buttait à des concessions antérieures et à des droits acquis. La royauté ne recula pas cependant devant l'obstacle. Puissamment aidée par les jurisconsultes, soutenue par l'opinion publique, s'armant de la suzeraineté qu'elle déclarait avoir sur le territoire entier de la France, elle marcha résolument vers son but de conquête pacifique et de réorganisation administrative. Elle avait d'ailleurs conscience qu'en travaillant pour l'intérêt général elle travaillait pour elle-même, pour l'extension de sa puissance et son unité.

Un mot sur les personnes qui pouvaient prétendre à l'exercice de la pêche : Noël de la Morinière a soutenu que les ecclésiastiques n'avaient pas la faculté de la pratiquer. Il a commis une erreur. Les divers capitulaires qu'il invoque, promulgués par Carloman, Pépin, Charlemagne et Charles le Chauve en 742, 744, 769, 802 et 877, ne s'appliquent qu'à la chasse. Or, si la surveillance de la chasse était placée entre les mains des mêmes fonctionnaires qui avaient la garde de la pêche, et si les contraventions qui concernaient l'une et l'autre ressortissaient aux mêmes tribunaux, il n'en résulte pas nécessairement que l'interdiction de l'une entraînait celle de l'autre. La chasse était défendue aux religieux, *cum clamore et strepitu*, autant à cause du bruit que du sang répandu. La pêche ne se présentait pas dans les mêmes conditions, mais comme un plaisir paisible et innocent. Elle était donc permise aux ecclésiastiques et religieux. La meilleure preuve qu'ils pouvaient s'y livrer sans enfreindre les règlements, réside dans les nombreuses concessions dont ils ont été l'objet.

Le premier acte de réglementation de la pêche date de 1289. Il émane de Philippe le Hardi et a été confirmé en 1292 par Philippe le Bel. Il est déclaré applicable à toutes les rivières, grandes et petites. Il a donc toutes les apparences d'une disposition générale s'appliquant à tous les cours d'eau du territoire.

Le but poursuivi est celui auquel tendront tous les législateurs postérieurs, la conservation du petit poisson qui, n'étant pas encore bon pour la consommation actuelle, doit être protégé dans un intérêt de sage prévoyance, autant pour l'alimentation à venir que pour la reproduction.

La pêche la plus productive étant celle qui se fait au filet, il a paru rationnel de fixer l'étroitesse minimum des mailles. Plus elles sont petites, plus petit doit être le poisson qui peut s'échapper au travers : l'ordonnance défend de se servir « d'engins de filé de quoy la maille ne soit de moins d'un gros tournois d'argent. » Par exception « la rois adible et le marche pied » pouvaient avoir des mailles plus restreintes, à la condition de servir seulement pendant le jour.

Mais la pêche ne se fait pas seulement au filet, elle se pratique avec des engins dépourvus de mailles. Dès lors, il importait de déterminer, d'une façon plus directe et plus générale, ce qui était licite et ce qui ne l'était pas. On crut arriver au but en limitant la pêche à une certaine époque de l'année et à la capture de poissons d'une certaine dimension. On ne s'occupa cependant que des espèces les plus recherchées et l'on défendit de prendre la vandoise, la blanche rosse, le chenevel s'ils n'avaient cinq pouces de long, et seulement la blanche rosse de mi-avril à mi-mai.

Cette réglementation était logique et d'une application facile. Basée sur la longueur du poisson, elle ne prêtait pas à l'arbitraire ; elle ne fut pourtant pas la seule admise. On défendit la pêche de certains poissons dont la vente ne devait pas atteindre un prix déterminé, le « brochereux », qui ne valait pas deux deniers, la tanche, le carpel qui ne se vendaient pas un denier, le barbeau dont deux et l'anguille dont quatre ne valaient pas un denier. Étrange point de départ d'une réglementation qui constituait ou ne constituait pas le pêcheur en contravention, suivant qu'il avait vendu son poisson à un prix minime ou rémunérateur et qui ouvrait la porte à toutes les fraudes par l'indication de prix fictifs, à moins qu'on admît (ce que l'ordonnance ne dit pas), une sorte d'expertise d'office qui, dans ces temps troublés, mettait le pêcheur, sans défense, entre les mains des agents. Les engins confisqués étaient brûlés ; les pêcheurs, les détenteurs de filets défendus et les marchands de poissons prohibés étaient *justiciés*. L'ordonnance ne fixe pas la peine. Elle était abandonnée au bon plaisir des juges, quand elle n'était pas prévue par les coutumes ou par les règlements régulièrement approuvés des corporations.

On sait en effet qu'au moyen âge tous les corps de métier formaient des associations dont le principe se retrouve dans la législation romaine. Les Nautes de Paris sont la première expression connue en France de ces sociétés primitives. Les pêcheurs ne devaient pas échapper à une règle à peu près sans exception. Dès le xiie siècle, on rencontre de nombreuses associations de pêcheurs reconnues, patronnées et confirmées par la royauté qui en tirait un double profit, par la simplification de la police de la pêche et les perceptions qu'elle prélevait pour l'homologation des statuts ou à titre de redevance annuelle. Nous retrouvons précisément, à la date où nous sommes parvenus, un certain nombre de ces corporations qui méritent une mention spéciale à raison de leur mode d'institution, de leur ancienneté et de l'intérêt de leurs statuts.

Au xiiie siècle, la pêche de la rivière d'Yonne se faisait, de temps immémorial, par une communauté de pêcheurs appartenant à la ville de Sens et aux paroisses voisines. Elle se pratiquait conformément aux conditions fixées dans un règlement arrêté entre eux, sous la surveillance d'un garde-inspecteur. Mais ces statuts étaient dénués de sanction légale. On en demanda l'approbation à l'autorité. Jean d'Oisy, bailli de Sens, les fit examiner et reviser par une commission composée du « sieur Missonnet de Bray, corri-« geur des engins, Messire Le Roy et Pierre de la Loy » assistés d'une délégation des pêcheurs. Le 3 mai 1317, les statuts furent publiés et « les délégués jurèrent bien et « léaument la dite ordenance au profit dou comun des « pescheurs ». Philippe de Valois les homologua plus tard, en avril 1328. Ces statuts, rapportés dans le recueil des anciennes lois françaises d'Isambert, sont du plus haut inté-rêt. Ils fixent la forme et l'usage des engins, le temps pen-dant lequel ils peuvent servir, l'époque de la pêche des différents poissons, et défendent de prendre ceux qui, étant trop petits, n'avaient pas une valeur déterminée par le règle-ment. Toute contravention était punie de *l'amende accou-tumée*, les engins étaient brûlés.

Il est presque inutile de dire que si la royauté tirait profit de la création de ces associations, la féodalité y trou-vait aussi son compte. L'établissement des communautés de pêcheurs de Paris présente de ce fait un exemple frap-pant. On sait qu'il y en avait de deux sortes, les pêcheurs à verges et les pêcheurs à engins ; les premiers étaient les plus anciens et avaient le droit exclusif de vendre leur poisson devant la grande boucherie du Châtelet. Ils pêchaient dans ce qu'on appelait l'eau du roi « depuis la pointe de l'Isle « Nostre Dame par devers Charenton jusques au pont de « bois qui soulait estre à Villeneuve saint Georges, et des « carrières jusques aux fossés à présent Saint Maur ». Or cette eau avait été abandonnée par Philippe le Bel à Guérin du Bois. Celui-ci vendit d'abord son droit de pêche « à l'un « plus, à l'autre moins, si comme il lui semblait bon. » Il

34

l’abandonna enfin à un certain nombre de pêcheurs, moyennant une redevance annuelle pour chacun d’eux de douze
deniers au profit du roi et de quatre sous pour lui-même.
Les concessionnaires étaient nombreux, il fallut réglementer leurs droits et leurs devoirs réciproques. Des statuts
furent dressés et confirmés par ordonnance de 1392, sous
la réserve faite au profit du roi de divers droits de hauban et
de coutume. Le règlement déterminait, comme celui de
Sens, les filets dont il était licite de faire usage, le temps de
la pêche, les poissons qu’on pouvait prendre. *Les Saines et
troubles* devaient être faites « *aux molles le roy* » à peine de
six sous d’amende ; tous poissons pouvaient être capturés
sans condition de dimension à l’exception des brochets,
barbeaux, anguilles et carpes, qui devaient valoir au moins
un denier la pièce ; défense était faite de pêcher du samedi
soir au lundi matin. Le droit de justice appartenait à Guérin du Bois, qui approfitait les amendes à la condition d’entretenir cinq sergents pêcheurs sous la surveillance d’un
garde du roi.

Ces statuts ont été plusieurs fois confirmés (1). Plus
tard aussi le privilège s’est étendu au-dessus de Paris jusqu’au château de Bercy, au-dessous jusqu’au Ru de Sève.
Il s’est même exercé sur la Marne ; les redevances sur l’eau
du roi se sont trouvées éteintes de même que celles que les
pêcheurs payaient à l’abbaye de Saint-Magloire « depuis la
« pointe de l’île de Notre Dame jusqu’au pont au change »
(Donation d’Hugues Capet). Ils ne devaient, au xviie siècle,
qu’une rente annuelle de sept livres à l’abbaye de Saint-

(1) 1453, 1467, 1476, 1523, 1566, 1644. — Les statuts des pêcheurs à
engins plus récents ont été homologués en 1548 et 1644.

Germain-des-Prés, donataire depuis le 6 décembre 1362 du droit de pêche en Seine, du pont au Change au ruisseau de Sève. Nous n'avons pas l'intention de les suivre dans l'histoire particulière de leur corporation. Il nous a seulement paru intéressant de montrer par leur exemple comment s'était établie une des nombreuses associations de pêcheurs et de quels droits la création de ces Sociétés se trouvait grevée à l'origine.

Si utiles que fussent les communautés pour le maintien d'une police de la pêche, il ne fallait pas compter exclusivement sur elles. Au XIIIe siècle elles étaient loin d'être généralisées. Dès lors il convenait, si on voulait arriver à un résultat utile, d'instituer des agents spéciaux de contrôle et de surveillance. Philippe le Bel y pourvut par ses ordonnances de 1291 et 1302.

Primitivement la garde des eaux et forêts du domaine avait été confiée à des *forestarii*, le mot forêt comprenant l'ensemble des biens en deffens : « *Simul custodiant bestias et pisces (Capit. de forest dom.).* » De bonne heure, malgré les ordres pressants de la cour, le relâchement s'introduisit dans ce service. Par suite d'abus de toutes sortes, les forêts devinrent improductives. Philippe-Auguste entreprit une réforme générale et commença, en 1219, par réglementer la juridiction des gardes de sa forêt de Retz. Ses successeurs ont suivi son exemple, créant de côté et d'autre des officiers d'ordre inférieur. En 1283, Philippe le Hardi plaça tous ces agents sous la direction des baillis et sénéchaux, auxquels il confia la juridiction forestière. Huit ans après, Philippe le Bel créant une administration spéciale, déposséda ces fonctionnaires et les remplaça par les maîtres des forêts, sous les ordres desquels l'ordonnance du 23 mars 1302 plaça les verdiers, gruyers, gardes et sergents, avec appel des sentences des verdiers aux maîtrises. — Les verdiers avaient vraisemblablement la surveillance plus spéciale des eaux et viviers, car Philippe le Long, dans son ordonnance de 1318, leur laisse « ce gouvernement en la manière qu'ils soulaient « faire, » se bornant à leur défendre de délivrer à quiconque des poissons des viviers et cours d'eau domaniaux « jusqu'à « ce que ces eaux soient à plein publiez. » Mais il enjoint, à partir de cette date, aux sergents des bois de rendre compte de leurs prises et exploits aux gruyers. Ceux-ci font les ventes forestières quand la délimitation leur a été donnée.

L'ordonnance du 2 juin 1319, confirmée le 17 mai 1320, détermine les conditions dans lesquelles doivent être délivrées les libéralités de la cour et faites les adjudications : En ce qui concerne les eaux, « ordené est que quand nous vou- « drons donner des poissons de nos étangs ou viviers, soit « nourriture ou gros poissons, nous les donrons pour prix « d'argent soit dix livres ou vingt livres ou tant comme il « nous plaira. » La juridiction des gardes est définitivement fixée : « ils ne répondront que devant les maîtres des « forêts, gruyers et maistres sergents » (art. 17), et pour éviter des déplacements inutiles et parer au défaut de témoins, foi est attachée et due à leur déclaration assermentée quand la contravention n'entraîne qu'une peine d'amende : « Or- « dené que chascun sergent sera creu par son serment des « forez, des prises qu'il sera où il ne charra que amende « pécuniaire, quar il convient que les sergens querre les « malfaicteurz le plus coiement que il pevent, et se il allaient « querre tesmoings, les malfaicteurs s'en pourraient aler

« avant que il revenissent, ne ne peut-on pour touzjours
« mener tesmoings .. » (art. 16).

Cette législation n'était rien moins que définitive :
En 1333, Philippe de Valois revisait encore le service des
eaux et forêts. Il rendait aux baillis et sénéchaux la surveillance des étangs et rivières, réservant seulement les bois aux
maîtrises. Son ordonnance fut-elle enregistrée, nous ne
saurions le dire, mais elle ne fut évidemment pas exécutée,
car le 13 février 1345, après plusieurs plaintes portées
contre les maîtres des eaux et forêts et leurs lieutenants, il
prohiba les lieutenances et prescrivit aux maîtres « de con-
« naître en personne des exez et déliz commis en ses yaues
« et forez. » Du reste, en 1346, l'ordonnance de 1333 était
rapportée et tout était remis en état. Le domaine était ré-
parti en dix maîtrises et les appels de ces juridictions portés
au Parlement de Paris, où une chambre nouvelle était créée
tout exprès pour apprécier en dernier ressort les instances
forestières. Les verdiers et maîtres sergents devaient rendre
compte de leurs « fais de forez » deux fois l'an devant les
maîtrises — en Normandie, cinq semaines avant les fêtes de
Pâques et de Saint-Michel, — dans les autres pays, avant
l'Ascension et la Toussaint.

Entre temps, le 26 juin 1326, Charles le Bel avait rendu
une ordonnance importante qui a été le point de départ des
conquêtes du pouvoir central sur la féodalité. Dans tous les
actes législatifs ultérieurs on la retrouve citée ; elle a eu des
conséquences considérables.

Pendant longtemps, par ses donations incessantes, la
royauté n'avait fait qu'affaiblir ses droits. Le domaine royal
était appauvri. Les rivières navigables appartenaient aux

38

seigneurs, ou tout au moins ils revendiquaient sur ces cours
d'eau des droits de pêche qu'ils prétendaient réglementer à
leur guise. L'autorité du roi limitée par ses propres bien-
faits était contestée. Les efforts qu'elle faisait pour se recons-
tituer, sans être impuissants, n'avaient donné que des
résultats médiocres. Les seigneurs, se croyant indépendants,
avaient laissé passer sans les exécuter les ordonnances de la
fin du xiiie siècle. La reconnaissance par le roi des corporations de pêcheurs avait cependant produit des effets utiles ;
la demande que les intéressés lui faisaient de l'homologation
de leurs statuts constituait en effet un acte des plus graves
au point de vue politique en faveur de la royauté. Par le
fait de ce que les populations roturières de toute la France
déclaraient vouloir tenir d'elle seule la confirmation de leurs
règlements, elles la plaçaient à une hauteur et dans une situation de prépondérance où ne pouvait prétendre la féodalité
forcément restreinte dans les limites de chaque domaine.

M. Rives (1) enseigne que les rois, en se dépouillant de
leurs droits de pêche, avaient conservé sur les biens concé-
dés le domaine direct : « Les libéralités bénéficiales, dit-il,
« dépouillent les rois du *domaine utile* qui en est l'objet,
« mais ils conservent le *domaine direct ou éminent* et une
« législation spéciale leur assure la conservation de leur do-
« maine privé. » Le savant magistrat est allé trop loin :
on chercherait vainement la législation spéciale qui a con-
servé le domaine du prince depuis le ive et le ve siècle; elle
n'existe pas. — M. Championnière (*Propriété des eaux cou-
rantes*, p. 654 et suivantes), s'élève vivement contre la dis-

<hr>

(1) *Du cours et du lit des rivières non navigables et non flottables*, par
M. Rives, conseiller à la Cour de cassation, p. 27 et suivantes.

tinction faite par M. Rives entre les deux domaines. Il a tort cependant d'affirmer sans réserve que cette distinction n'était pas connue à l'époque où les donations ont été consenties. Les libéralités royales s'étagent à des dates parfois très lointaines les unes des autres, et M. Championnière sait mieux que personne, puisqu'il l'enseigne, que le principe du bénéfice était connu sous la législation romaine et que les exactions des *judices* avaient déterminé l'usage fréquent de la recommandation. La vérité est que la rétention du domaine direct ne pouvait résulter que d'un contrat et que dans les actes de concession, les rois de France ne l'ont pas réservé. Ils attribuent partout aux donataires la propriété pleine, entière, absolue et perpétuelle : « *Cum integritate,* « *cum jure proprio, cum jure perpetuo* », disent les contrats dont nous sommes assurés par un double moyen de contrôle que la teneur ne constitue pas une exception. Nous possédons, en effet, les *Formules* que le moine Marculfe, vivant au VIIe siècle, a laissées des conventions en usage dans son temps et qui ont certainement continué à être usitées longtemps après lui. La dépossession y est absolue et aucune réserve n'est faite au profit du concédant. D'un autre côté, les registres des *Olim* sont pleins de procès relatifs à des droits de justice, de pêcherie, de navigation, de moulins et d'écluses, sur des grands fleuves, la Seine, la Loire, la Somme. Les parties sont aussi bien des particuliers que des seigneurs. Le roi lui-même y figure. Or, il ne réclame pas son droit royal, mais sa possession, comme les autres parties d'ailleurs, et dans tel procès, comme celui qu'il fait à l'abbaye de Saint-Denis (I, 301) il est débouté de sa demande parce que, s'étant dépouillé de ses droits, il ne peut plus en justifier. Il est donc certain que dans aucun contrat de concession la directe n'a été conservée. On comprend dès lors que pour arriver à une réglementation générale de la pêche sur tout le territoire, il y avait fort à faire. Les efforts de la royauté devaient paraître d'autant plus stériles que les seigneurs justiciers prétendaient exclusivement surveiller et assurer chez eux la conservation du poisson, le libre écoulement des eaux et leur salubrité. Malgré les difficultés de l'œuvre, le pouvoir royal n'hésita cependant pas à l'entreprendre.

Le droit de police justicière n'entrainait pas plus en principe la propriété des rivières que celle du droit de pêche. Il n'était pas *réel* et ne résultait que de la banalité. La justice percevait une amende indépendante des réparations civiles dues au propriétaire. C'est précisément par ce droit de justice que la royauté intervint : Comme chef de la féodalité et suzerain incontesté de tous les seigneurs de son royaume, le roi de France avait sur eux un droit de justice : Or, justice et police étaient alors confondues et réunies dans la même main. Qui avait droit de punir avait droit de prévenir. Exagérant dans son intérêt propre les règles de la justice seigneuriale, il fit des règlements généraux de police applicables à la totalité du territoire. Ces règlements lésaient des droits acquis ; ils furent méconnus et restèrent inexécutés. Mais peu à peu, les coutumes généralisèrent, dans les grands fiefs, les règles applicables à tous les justiciers d'une même contrée ; les légistes proclamèrent bien haut le pouvoir supérieur du Roi et sa directe universelle « cette merveilleuse création du génie fiscal ». Les représentants de l'autorité centrale, interprétant en sa faveur les ordonnances, envahirent les justices seigneuriales, rattachèrent à la couronne les terres, les eaux, les droits de toutes sortes. Reculant parfois, pour la forme, devant les vives réclamations des États, ils imaginèrent de faire des concessions neutralisées par d'habiles réserves, source d'empiètements futurs. « Confondant à dessein, dit M. Championnière, la police « et la propriété, comme si l'une ne pouvait pas s'exercer « sans l'autre, ils avaient déjà conquis, du moins générale- « ment, les grands chemins. Les coutumes du Boulonnais, « du Valais et d'Amiens avaient consacré cette prétention. « Des grands chemins ils passèrent aux rivières qui sont « aussi des chemins et qui, par les entraves multipliées que « les jouissances privées apportaient à la navigation, récla- « maient plus instamment encore la puissante intervention « de l'autorité royale. » Nous sommes au commencement des affirmations successives que la royauté a faites de sa puissance. Nous allons assister au développement de ses projets, constater ses progrès, ses victoires sur la féodalité jusqu'au jour où Louis XIV, dans sa mémorable ordonnance de 1669, se croira assez fort pour se proclamer propriétaire exclusif des cours d'eau navigables de son royaume.

Après cette exposition indispensable pour qui veut comprendre le sens exact et la portée des faits qui vont suivre, revenons à l'ordonnance de 1326. Préparée avec soin, fixant les prétentions du roi, déterminant les conditions dans lesquelles la pêche peut être exercée, énumérant, non sans intérêt, les engins alors en usage, elle sera rappelée et confirmée par tous les rois successeurs de Charles le Bel. Sa teneur nous est précieuse à plus d'un titre :

« Charles par la grâce de Dieu, roi de France et de
« Navarre,

« A nos amez et feaux les maistres des eaux et forests,
« salut et dilection.

« Comme les fleuves, et chacun par soi, et rivières
« grandes et petites de nostre royaume, par malices et par
« engins pourpensez des pescheurs, soient aujourd'huy
« sans fruit, et par eulx sont empeschez les poissons à
« croistre en leur droit estat, ni ne sont de nulle valeur,
« quand ils sont pris d'eux, et ne profitent pas à en user en
« leurs mains, ainçois monstrent qu'ils sont plus chers
« qu'ils n'ont accoustumé. Laquelle chose tourne au grand
« domage tant des riches comme des pauvres gens de nostre
« dit royaume, et de nous, et de nostre droit royal à qui
« appartient curer et penser du bon estat et profit commun
« de nostre dit royaume,

« Nous vous mandons et à chascun de vous, que tous
« les engins desquels les noms sont cy-dessous nommez et
« exposez, prenez ou faites prendre par vous ou vos dépu-
« tez, à ceux que vous trouverez près. Et au regard des
« pescheurs, qu'ils soient appellez et autres hommes, voir
« la vengeance, en telle manière que les pescheurs d'orese-
« navant ne fassent tels engiens,

« Et si autres engiens sont trouvez chez les dits pes-
« cheurs ou avec eux, qui seraient plus dommageables,
« pourpensés pour leur malice, nous commandons qu'ils
« soient pris par vous, ou par ceux qui seront establis à ce

« faire, et qu'ils soient ars et brulez comme les autres devant
« dits. Et tous ceux et celles qui en ovreront ou qui seront
« trouvez garnis, a estre contrains à payer à nous la somme
« de soixante sols ou telle amende que vous regarderez selon
« les meffets. Et tous les poissons qui seront ainsi pris,
« soient forfaits et rejettez en l'eau s'ils sont encore vifs, ou
« s'ils sont morts, qu'ils soient donnez aux pauvres.

« Et iceux engiens nous voullons estre prins et cherchez
« de jour et de nuit.

« Et pour ce que les dits engiens vous sont inconnus en
« pluseurs noms, nous les nommerons cy dessous par escrit,
« le bas rabouër, le ciphre, garnis, vallois, amende, le plu-
« serois, le truble, l'allois, l'ouroce, la chasse de marche
« pied, le cliquet, la rouaille, rames, seurs, fogats, nasses
« pellées, jonchées, ligne du long, hameur, hameçons, et
« que l'on ne batte aux arches, ni au gros des alles, et que
« vraye chance, arbre ne cuevre, et que l'on y adjoigne
« boisse et dépens.

« Desquels engins nous deffendons que l'on ne pesche
« de nuit en deux mois à aucun engin, c'est assavoir depuis
« la mi-mars jusques à la mi-may, car les poissons fraient
« en icelui temps et laissent leur fraye aux herbes, et les
« pescheurs de nuit les chassent et détruisent toute la ditte
« fraye. Et que nul ne soit si hardy qui voise prendre fraye
« dedans, ne qu'il prenne guerdons ne dars durant le dit
« temps. Partout l'on pourra pescher de bons engins
« excepté le temps dessus dit. Et tous les autres engins qui
« seront faits de fil, desquels ils pourront pescher, nous
« voullons qu'ils soient faits à nostre maille, c'est à sçavoir
« de la largeur d'un gros tournois de chascune maille. Et

44

« pourront estre faits plus larges à prendre les gros poissons,
« et de la saint Remy jusques à Pâques de la largeur d'un
« parisis, et nasse ne courront rivières si elles ne sont
« telles que l'on y puisse bouter les doigts jusques au gros
« de la main.

« Et ne pourront prendre barbel, carpe, tenche, ne
« brème si chacun ne vaut un denier; le lucel s'il ne vaut
« deux deniers, ne l'anguille si les deux ne vallent un denier,
« ni autre poisson de Loire, ne d'autre rivière royale.

« Et toutes ces choses nous commandons estre gardées
« estroitement et accomplies diligemment en telle manière
« que les devant dits fleuves et rivières soient ramenées en
« l'estat ancien et accoustumé par vostre diligence. Et nous
« voullons qu'aucun ayt la connoissance de faire tenir et
« garder les ordonnances dessus nommées, fors vous ou
« les députez de par vous. Ainçois voullons ceux qui auront
« meffait depuis le cry et ordonance (1) faite par nostre
« cher et redouté seigneur dont Dieu ayt l'ame, et de luy
« et de nous, sur ce qu'autrefois ont esté publiées, soient
« appellez par devant vous, ou par devant les députez à ce
« faire et contrains à donner response sur les choses dessus
« dites sommairement et de plain, nonobstant excusations
« frivoles ni délations, et amendes de ce fait, et que raison
« soit gardée.

« De ce faire vous donnons pouvoir. Mandons à tous
« qu'en ce faisant vous obéissent.

« Donné à Chambelly-les-Meaux le vingt juin mil trois
« cens vingt six. »

(1) C'est l'ordonnance de Philippe-le-Bel d'avril 1291.

Cette ordonnance fut complétée par un règlement du Conseil de la même année dont l'importance est aussi considérable :

« Une manière d'attrempance faite par le conseil du Roy
« nostre sire, laquelle il veut estre gardée comme les ordon-
« nances dessus dites. Quant aux quideaux, les chauces
« seront au moule d'un parisis de plat, et y pourront
« adjoindre boissel d'osier d'une moule, qu'entre deux
« verges l'on puisse par tout bouter son petit doigt de plat,
« tant que l'on le porte.

« Quant aux femois dont l'on peschera depuis la saint
« Martin jusques à Pâques, seront faites au moule d'un
« parisis plat aisement, et depuis Pâques jusques à la saint
« Remy d'un gros tournois de plat, et de tous les autres
« filez dont l'on peut pescher selon les ordonnances dessus
« dites, semblablement, sauf la trouble du fil autre que
« celle du bois, en tous temps l'on pourra pescher, mais
« qu'elle soit du moule d'un parisis de plat, excepté le temps
« de fraye.

« Quant aux nasses desquelles l'on peut pescher par les
« ordonances, elles seront faites telles qu'on y puisse bouter
« ses trois doigts, en passant la première pointe sans
« force. »

AUTRES INSTRUCTIONS DE LA MÊME ANNÉE

« 1. Poissons qui ne sont pas de la longueur d'un doigt
« à main d'homme, outre queue et teste, sont deffendus
« par les ordonnances royaux.

46

« 2. Truites, barbeaux, brochets, brèmes, carpes,
« perches, tenches, vendoises, guerdons.

« 3. Anguille qui ne vaut un denier tournois de bonne
« monnoie à vendre et acheter de marchand à autre, est
« deffendue par les dites ordonances.

« 4. Vendoise de quelque moise ou qualité que ce
« soit, grandes ou petites sont deffendues. Guerdons du
« temps demy-mars jusques à my-mai.

« 5. Tous engins à pescher faits de fil dont la maille est
« si étroite qu'un gros tournois d'argent fait du temps du
« roy saint Louis, ne puisse passer de plat par chascune
« maille aisément sont deffendües à pescher depuis Pasques
« jusques à la saint Remy.

« 6. Tous engins à pescher, s'ils sont si espez qu'un
« parisis à la taille du temps de saint Louis ne puisse passer
« aisément de plat par chascune maille, sont deffendues
« depuis la saint Remy jusques à Pasques.

« 7. Tous engins de bois, soient nasses d'ozier, nasses
« pellées, jonchées ou autres engins quelconques de bois
« d'ozier, ou de jonc, qui soient si espez qu'un homme
« ne puisse aisément bouter, et sans force, tous ses doigts,
« jusques aux premières jointures de la main, sont deffendus
« par les dites ordonnances.

« 8. Et semblablement les bons bousseaux, ou plançons
« ajoutez aux dites nasses, ou autres engins d'ozier ou de
« jonc, qui soient si espez qu'un homme n'y puisse aisé-
« ment bouter son petit doigt, c'est assavoir le bout de
« l'ongle, sont deffendus.

« 9. Tous engins dessus dits ou autres quels conques de
« fil, de bois, de jonc, et de quelque manière que ce soit

« defendus, à tendre ou à mettre en eau et les y laisser par
« nuit du temps dessus dit, depuis la mi-mars jusqu'à la
« my-may. Et les ouvriers ou faiseurs des dits engins, et
« les marchands dits poissons deffendus doivent être traits
« à amende, comme ceulx qui en peschent. C'est à sçavoir
« que toutes les amendes faites pour les choses dessus dites
« sont de soixante sols tournois, par les dites ordonnances,
« c'est assavoir les deux parts au roy et le tiers aux ser-
« gents.

« 10. Comme ramée ou fagots de bois sont deffendus
« en tous affaires, en rivières, le bas rambrouër, le ciphre
« garni de vallois, amende, le plusieurs, la truble aux bois,
« la bourrache, la chatte, le marche-pied, le cliquet, la
« rouaille, braye à chance, orbe, les pescheurs à truble,
« loches, ables, sentrilles, vérons ou autres poissons non
« défendus, peuvent pescher des trubles, espèces qui ne
« sont mie trubles à bois n'a marche pied. Et doivent être
« les poissons deffendus, si aucuns y en a, prins aux dits
« trubles avant qu'ils soient hors de l'eau. Et si dehors
« sont prins ou trouvez saisis d'aucuns poissons deffendus,
« ils doivent l'amende, et doivent leurs dits trubles et autres
« engins deffendus, comme dit est, estre ars publiquement.

« 11. Nulle personne de quelque estat ou condition que
« ce soit ne peut faire ou avoir champleure ou fosse qui
« boive en rivière. »

Il est inutile d'insister sur ces documents : le sens en est
suffisamment clair et les prescriptions étudiées avec soin.
On a remarqué avec quelle habileté le roi entendant régler
la police « des fleuves et rivières grandes et petites de son
« royaume », évite de parler des seigneurs qui pourraient

y prétendre des droits. Ce sont « les pescheurs qui par
« malices ou engins pourpensez sont cause de la dispa-
« rition du poisson dont la cherté tourne au grand domage
« des riches comme des pauvres ». De là la justification de
son intervention. Il ne règle pas d'ailleurs la question de
propriété, la seule disposition qui vise les possesseurs de
rivières se trouve dans la dernière instruction. Elle défend
à toute personne « *de quelque état ou condition que ce soit*
« d'avoir champleure ou fosse qui boive en rivière ». Il est
bien évident que la cour ne pouvait pas avoir la prétention
de porter atteinte par voie de simple instruction à des droits
acquis. Aussi n'est-ce que le rappel, au point de vue de la
pêche, d'un principe déjà connu, qui sera proclamé dans le
célèbre article 206 de la Coutume de Normandie, et deviendra
bientôt de droit commun : on ne peut détourner l'eau courante à moins d'avoir les deux rives assises en son fief et de
la remettre plus tard à son cours ordinaire, sans occasionner
de dommage à autrui.

Après l'ordonnance de Charles le Bel nous arrivons à
celle de Philippe VI de Valois, du 26 avril 1346. Elle se
préoccupe avant tout des étangs royaux.

Ils doivent être visités, mis en état et repeuplés par les
soins des maîtres qui les font pêcher en saison convenable.
« Le produit de cette pêche, dit l'ordonnance, en doit être
« porté en nostre hostel et les hostiex de nostre très chière
« compaigne la royne et de nos enfans. Les poissons qui
« seront profitables à vendre dont le profit ne serait pas de
« les faire verser es ditz hostiex seront vendus et le produit
« converti en poisson de mer qui venront es diz hostiex. »
Les petits étangs dont le rapport est de minime valeur

sont affermés « mais sans les bailler à nulz gentizhommes
« ne autres noz officiers ne de noz enfants. »

La surveillance des rivières continue d'être régie par les
anciennes ordonnances.

L'article 38 mérite quelque attention : « Nulz baillis et
« chastelains n'auront d'ores en avant nul usage de pêche. »
Ce retrait brièvement exprimé est le point de départ des
tentatives faites par la royauté pour reprendre les concessions qu'elle avait imprudemment consenties dans les siècles
précédents. Les officiers des eaux et forêts ne se trompèrent
pas sur les intentions royales et, en vertu de cette même
ordonnance, s'ingénièrent à empiéter sur les prérogatives
seigneuriales. L'article 31 de l'ordonnance défendait « à
« aucuns baillis, sénéchaux, receveurs, prevoz, vicomtes ou
« autres, de connaître d'ores en avant du fait des forez,
« rivières et choses qui en dépendent », — et leur prescrivait « de renvoyer la cause en l'estat où elles se trouvent
« devant les mestres des forez commis au païs dont ils seront
« pour en juger si comme de raison sera. » Le sens de cette
disposition n'était pas douteux. Elle ne s'appliquait évidemment qu'aux officiers de la justice royale. Cependant les
agents domaniaux n'hésitèrent pas à supposer que le roi
avait fait en leur faveur une véritable expropriation des
justices seigneuriales et s'empressèrent d'agir en conséquence
en se saisissant de tous les procès forestiers. Des réclamations
se produisirent de toutes parts. Il fallut que l'ordonnance
du 28 décembre 1355 rafraîchit le zèle des forestiers et leur
défendît « de s'immiscer dans la connaissance et la poursuite
« des délits de pêche commis dans les eaux des prélats,
« barons et autres justiciers *se ainsi n'était toutefois que les*

« *dits prélats, barons et hauts justiciers soumis et requis souffi-*
« *samment ne fussent remis et négligens.* » — Par une habileté de rédaction qu'on aperçoit sans peine, cette réserve
d'apparence modeste laissait une porte ouverte aux entre-
prises des fonctionnaires du domaine. Les juges royaux en
profitèrent, sous prétexte de lenteurs, pour envahir les juridictions seigneuriales et se substituer à elles malgré les
doléances des États. Les cahiers sont pleins de leurs réclamations. L'ardeur des forestiers était si grande qu'ils en
arrivèrent à ne pas reconnaître et à prohiber, de leur autorité propre, jusqu'aux concessions récentes que le roi avait
cru devoir faire. Ce qui s'est passé en Languedoc, au milieu
du XVᵉ siècle en est une preuve flagrante. Les États de ce
pays assemblés au Puy, en avril 1439, avaient accordé au
roi une aide de 100,000 livres tournois, sous la condition
acceptée par lui que les habitants obtiendraient la liberté
pleine et entière de chasse et de pêche, sauf dans les domaines
royaux et les lieux défendus. Malgré les termes formels de
la concession royale, les agents forestiers n'en intentèrent
pas moins, notamment dans le diocèse de Nîmes, de nombreux procès pour délits de chasse et de pêche, et il fallut que,
par ses lettres du 23 novembre 1439, Charles VII renouvelât
l'autorisation par lui accordée et ordonnât de surseoir aux
poursuites. Quelques années plus tard, les maîtres des eaux
et forêts revenaient encore sur ces franchises. Ils avaient la
prétention de ne laisser pêcher qu'avec leur autorisation
spéciale. Les États du Languedoc présentèrent, en juin 1456,
leurs doléances à ce sujet, se plaignant justement que la
pêche fût prohibée non seulement *dans les fleuves portant*
navires qui appartient au roi mais dans les rivières des nobles

et gens d'église, « et sur ce font enquête et convenir toutes
« manières de gens... qui auront pesché en quelque petit
« ruisseau où n'aura pas eau les deux tiers de l'an... »
Charles VII, répondant à ces plaintes, promit de défendre
à ses officiers de contrevenir aux ordonnances et de réformer
les abus par eux commis dans tout le royaume. Il n'eut
garde de protester contre la propriété qu'on lui reconnaissait
des cours d'eau navigables, mais il eut soin de ne pas s'expliquer sur ce qui concernait les autres rivières et ne voulut
pas admettre en principe que son autorité ne s'étendit que
sur les rivières portant navires (1).

On voit par cet exemple jusqu'où se portait le zèle des
officiers royaux et quelle était leur tenacité. De leurs entre-
prises il restait toujours quelque chose. L'idée d'une juridiction royale sur toutes les eaux courantes faisait son
chemin. On s'y habituait, et dans le préambule de son ordonnance de décembre 1543, François Ier semblant ignorer le
passé, écrivait que « par délégations ou commissions, le
« grand maître, ses lieutenants et officiers avaient *par cy-*
« *devant connu des forests, bois, eaux et rivières des prélats,*
« *princes, communautez, gentilshommes et autres ses subjects.*
« En conséquence désirant garder, faire garder et entretenir
« les eaux et forêts de son royaume, tant celles qui lui
« appartiennent de son domaine que celles auxquelles il a
« droit... de justice et autres droicts, et semblablement les
« autres bois, forêts, eaux et rivières de son dit royaume,
« il ordonne comme l'une des choses les plus commodes
« requise et nécessaire tant à lui qu'à ses subjects, que tous

---

(1) Ch. Comte, *Traité de la propriété*. I, 275.

« les prélats, princes, communautez, gentilshommes et
« autres ses subjects, puissent d'ores en avant poursuivre
« tous leurs droits concernant leurs dites rivières et forêts à
« l'encontre des délinquants et prétendans droit tant sur
« les fonds d'iceux... qu'usage ou autres droits ou servi-
« tudes, et ce par devant le maistre des eaux et forests du
« roi, ou par devant le maistre des eaux et forests, des
« prélats, princes et seigneurs ayant tels officiers. »

Nous verrons quelles étaient les conditions nécessaires pour avoir juridiction seigneuriale forestière. Constatons dès ce moment que ces sortes de tribunaux de plus en plus restreints dans leur nombre et dans leurs droits reçurent, par le fait de l'ordonnance de 1543, une atteinte profonde. La dualité de compétence autorisée par cet acte législatif ne préjudiciait pas en effet aux droits des propriétaires de rivières ou des possesseurs de la pêche; chacun d'eux gardait ce qu'il avait. Mais désormais les intéressés avaient la faculté de porter leurs actions soit devant les maîtrises seigneuriales dont ils dépendaient, soit devant les maîtrises royales.

En réalité, les premières étaient dépouillées au profit des secondes, et dans les instances qui leur restaient dévolues, elles étaient soumises, par voie d'appel, au contrôle supérieur des hauts fonctionnaires des forêts de la couronne.

Deux ordonnances nouvelles eurent bientôt aggravé cette situation : la première, de février 1554, qui créa « des arpen-
« teurs chargés de mesurer tous bois, forêts, terres, eaux,
« isles, pastis..., faire le partage de toutes les choses sus
« dites, soit qu'elles soient de nostre domaine et à nous
« appartenant, ou aux princes, prélats, gens d'église, com-

« munautez *et autres subjects particuliers* de nostre royaume »;
la seconde, de mars 1558, qui attribua au grand maître la
connaissance des « procès concernant les fonds et propriétés
« des eaux et forêts tant de nous que de nos subjects. »
On remarque que ces ordonnances ont grand soin de ne pas
séparer les seigneurs des autres sujets du roi, mais les
placent sur la même ligne. Ils peuvent s'être créé des droits
résultant d'une longue possession. Mais ils ne seront pas
dispensés, le cas échéant, de fournir la justification de leurs
titres. Bientôt Louis XIV se croira en droit de les exiger.

En attendant, les agents royaux s'efforceront par tous les
moyens d'accroître le domaine de la couronne. En vertu
des textes peu probants du droit romain et d'une prétendue
usance constante, au nom de la collectivité que le roi était
réputé représenter, ils réclamèrent comme en faisant partie
tout ce qui pouvait être d'un usage public, et à ce titre, les
cours d'eau navigables. « On tient en France, dit Bacquet
« (*Droits de justice,* ch. XXX) que les fleuves et rivières navi-
« gables appartiennent au roi *et de regalibus sunt,* tant sui-
« vant la disposition du droit commun (*in tit. quæ sunt re-*
« *galia, in usibus feud. l. fluminum, de damno inf. l. quomi-*
« *nus... etc.*) que suivant une prétendue usance de France
« par laquelle *ea quæ jure naturali communia sunt omnium*
« *ut mare, flumina, littora,* — et tout ce qui est destiné et
« délaissé à l'usage du public, est censé appartenir au roi :
« quoi que ce soit, des officiers pour et au profit du dit sei-
« gneur, s'en emparent. »

Malgré tant d'efforts, malgré des lettres patentes datées
de 1572 ordonnant de réunir au domaine les îles et atterris-
sements de la Seine et autres fleuves navigables, les pré-

tentions des domanistes étaient loin d'être toujours admises. La seule coutume de Meaux consacrait leurs prétentions (1).

Nous avons souvent parlé de la propriété des rivières, on comprend pourquoi : si elle avait été résolue au profit de la couronne, dans le sens du désir de ses représentants, il est évident que la question de police de la pêche aurait été vite tranchée pour les grands cours d'eau, et que pour les autres elle n'aurait rencontré qu'une médiocre résistance. Mais tout naturellement on prêtait plus d'attention à la propriété de l'eau qu'au règlement de la pêche. Cette préoccupation très justifiée a précisément eu ce résultat, qu'elle a aidé à la solution du grave problème de la police générale de la pêche : on savait bien que celle-ci apporterait quelque entrave à l'exercice des tenanciers, des pêcheurs de profession. Mais, comme après tout, les seigneurs se disaient qu'ils ne subissaient de ce chef aucun préjudice direct, que les justiciers seuls étaient dépouillés d'un privilège peu intéressant d'administration, et que le résultat visé tendait à la conservation du poisson, c'est-à-dire à la protection d'un profit commun, chacun finit par se désintéresser de la lutte entreprise par la royauté. C'est ce qui explique comment, à partir d'une certaine époque, on ne trouve plus de lois nouvelles déterminant les conditions dans lesquelles la pêche peut être exercée. Jusqu'en 1669 on ne rencontre pour ainsi dire qu'une ordonnance, celle de 1326 ; toutes les autres ne sont que la confirmation de cette disposition législative fonda-

---

(1) Art. 182. On tient que tous fleuves navigables sont au roi s'il n'y a seigneur qui ait tiltre particulier, et supposé qu'aucun ait haute justice en aucune terre près le dit fleuve, n'est pas censé avoir haute justice sur le dit fleuve.

mentale. Charles VI l'a rappelée en 1388, François Ier en 1515, Henri II en 1554, Charles IX en 1563, Henri III en 1584. Tous les souverains qui se succèdent sur le trône de France la visent à tour de rôle. Elle est l'ordonnance type, et l'on peut dire immuable en matière de pêche. Les modifications qui y sont apportées n'ont qu'un intérêt secondaire. Ses prescriptions resteront en vigueur jusqu'au règne de Louis XIV. Les efforts du pouvoir tendront surtout à l'amélioration du service de l'administration forestière.

Malgré d'heureux changements, le régime forestier n'était encore en effet qu'à l'état rudimentaire. Des hésitations perpétuelles, des modifications incessantes dans les questions de hiérarchie et de juridiction, la confusion des attributions, le manque de contrôle, l'insuffisance et l'incertitude du traitement, l'imputation des gages sur les prises, tout révélait un désordre à peu près général. On chercha à y pourvoir en septembre 1402 en fixant la compétence des verdiers, châtelains et maîtres sergents à soixante sous d'amende au maximum, avec appel devant les maîtres particuliers. En mars 1515, les gages des maîtres particuliers furent arrêtés annuellement à la somme fixe de quatre cents livres payables sur mandat de la vicomté. Ces fonctionnaires n'eurent plus dès lors à prétendre pour leurs honoraires à un partage des forfaitures et des amendes. Les sergents continuèrent cependant à être payés comme d'ancienneté au moyen des « profficts ou parties » qui leur étaient abandonnés sur les saisies, mais il ne leur fut plus loisible dans les débats qui étaient portés devant eux « d'user de « composition et d'y prendre proffit singulier ». En 1523, un Procureur du roi prit place dans chaque maîtrise. L'administration se complétait, progressivement, une régularité plus grande se manifestait. Une organisation sérieuse et définitive ne se fera que sous Louis XIV. Nous pouvons d'ailleurs arriver rapidement à son règne, car, jusqu'à lui, le régime de la pêche va rester dans le *statu quo.*

Colbert a été le grand organisateur de la police des eaux et forêts. L'Ordonnance de 1669 est une de ses œuvres maîtresses. Il a travaillé à l'élaborer pendant huit ans, en s'entourant de vingt et un commissaires choisis parmi les hommes les plus distingués par leurs connaissances spéciales. Aussi a-t-elle duré jusqu'à la Révolution et même au-delà, comme on le verra par la suite. Ajoutons d'ailleurs qu'en ce qui concerne la police de la pêche il n'a pas eu de lutte à soutenir. La victoire de la royauté contre les seigneurs féodaux était complète et absolue. L'ordonnance est une affirmation.

Il ne faudrait pas croire pourtant que le pouvoir avait, même sous Louis XIV, la prétention d'absorber sans exception toutes les juridictions forestières rivales. Il se contentait de les tenir dans sa main par le droit d'appel devant les magistrats royaux, et ne dédaignait pas au besoin d'en créer quelques-unes. Par l'édit d'octobre 1666, qui a ordonné la construction du canal du Languedoc, Louis XIV exproprie tous les possesseurs intéressés moyennant une indemnité à fixer par experts pour les propriétés, les droits de justice, la mouvance et autres droits seigneuriaux, et il forme du tout un plein fief en haute, moyenne et basse justice relevant de la Couronne, moyennant l'hommage d'un louis d'or. Le propriétaire de ce fief a droit de chasse et de pêche à l'exclusion de tous autres à peine de cinq cents livres d'amende, avec faculté d'instituer douze gardes et des juges pour administrer sa justice civile, criminelle et mixte (Pierre Clément, *Lettres de Colbert*, V, 572, appendice).

Colbert lui-même, en faisant ériger, au mois d'avril 1668, sa seigneurie de Seignelay en marquisat, avait soin de se faire reconnaître les droits de justice et de pêche en la rivière d'Yonne dans toute l'étendue de son territoire (*Eod.*, VII, 351), et il ne se montrait pas patient quand on portait atteinte à ses droits. On en jugera par la lettre suivante qu'il adressait le 28 septembre 1658 au sieur Poursin, bailli de Seignelay : « Il y a longtemps que je vous ai écrit...

« Lorsque vous irez à Auxerre, je vous prierai de dire aux
« fermiers généraux que j'ay été fort surpris d'apprendre le
« procédé de leurs fermiers particuliers et que je commen-
« cerai à les mettre en procès, mais qu'en même temps je
« ferai donner des coups de bâton à ceux qui enverront des
« pêcheurs dans ma rivière (1), n'étant pas résolu de souf-
« frir d'être traité de la sorte par des gens qui sont fermiers
« de son Eminence, et s'ils y retournent, ne manquez pas
« de m'en donner avis aussitôt. » (*Eod.*, VII, 3).

Nous sommes arrivés à l'époque où la réglementation de l'exercice de la pêche s'est faite avec toute son ampleur et son énergie. Il ne reste plus qu'à l'étudier dans l'ordonnance de 1669, en y ajoutant les modifications ou les interpréta-tions que les actes du pouvoir ou la jurisprudence y ont apportées. Nous aurions aimé à connaître sur cet acte légis-latif important la pensée intime de son auteur. Colbert ne l'a pas laissée. Nous avons parcouru avec soin sa correspon-

(1) La Seraine.

dance. Elle est presque toute relative à l'organisation des forêts, dont le revenu et le profit l'intéressaient particulièrement. On trouve de lui peu d'instructions relatives à la pêche ; encore n'offrent-elles pas de particularités saillantes. Elles se résument en ceci, comme l'ordonnance elle-même, que la police de la pêche est d'ordre public sur tous les cours d'eau du territoire.

ORDONNANCE DE 1669

Au moment où l'ordonnance de 1669 a été promulguée, on reconnaissait quatre sortes de rivières, les rivières navigables, les rivières banales, les rivières publiques, les rivières privées.

Les rivières *navigables* sont celles, dit l'article 41, titre XXVII « qui portent bateau de leur propre fonds sans « artifice et ouvrages de mains. » L'ordonnance déclare nettement « qu'elles font partie du domaine royal nonob-« stant tous titres et possessions contraires, sauf les droits « de pêche, moulins, bois et autres usages que les particu-« liers peuvent y avoir par titres et possessions valables « auxquels ils seront maintenus. »

On pouvait conclure du texte de l'ordonnance que ces cours d'eau ne faisaient partie du domaine que dans la partie où ils étaient navigables. Quelques arrêts l'ont jugé ainsi. Mais il est bon d'ajouter que cette disposition entendue même avec ces restrictions n'était rien moins qu'admise. Les protestations qui s'étaient produites à l'occasion des ordonnances antérieures sur le même objet, n'ont pas manqué de s'élever. Les concessionnaires royaux n'ont jamais admis cette expropriation qui foulait au pieds titres et possessions, ne reconnaissant de droits d'usage qu'aux mains des particuliers. « La puissance du droit et de la « possession, dit M. Championnière, fut plus grande que « celle de Louis XIV, et la despotique et impérieuse appro- « priation de l'ordonnance se réduisit d'abord à une tenta- « tive d'impôt, puis à peu près à rien du tout. » En effet, dès le mois d'avril 1683, un édit constatait l'inexécution de l'article 41 et confirmait les propriétaires en leur possession et jouissance, à charge de faire, par titres authentiques, la preuve de leurs droits : « Comme les grands fleuves et les « rivières navigables appartiennent en pleine propriété aux « rois et souverains par le seul titre de leur souveraineté, « tout ce qui se trouve enfermé dans leurs lits comme îles, « péages, bacs, pêches..., nous appartiennent.... Mais « comme *en suite des remontrances* qui nous en auraient été « faites, nous aurions bien voulu nous relâcher quelque « chose des droits que nous y avions par le titre de notre « couronne, en faveur de ceux qui en jouissaient sans autre « réserve que d'une modique redevance par forme de recon- « naissance... à ces causes, confirmons en la propriété, « possession et jouissance des îles..., droits de pêche... et « droits sur les rivières navigables dans l'étendue de notre « royaume, tous les propriétaires qui rapporteront des « titres de propriété authentiques faits avec les rois nos pré- « décesseurs en bonne forme, auparavant l'année 1566 a « savoir inféodations, contrats d'aliénations et engage- « ments, aveux et dénombrements qui nous auront été « rendus ». Les communautés devaient produire le titre

de donation royale, et celles qui justifieraient seulement
d'une possession sans trouble antérieure à 1566, n'avaient
confirmation de leurs jouissances que contre paiement d'un
vingtième du revenu.

Les exigences de l'édit de 1683 étaient excessives. La
plupart des possessions seigneuriales sur les grands cours
d'eau n'avaient pas pour origine des contrats d'inféodation,
mais des concessions faites *in integritate*. Le temps avait
détruit les titres. En 1693, le roi, dans un nouvel édit,
« considérant qu'il ne se trouvait aucun des détenteurs qui
« pût rapporter des titres conformes à la déclaration de
« 1683, décida qu'il jugeait à propos, pour terminer entiè-
« rement la recherche ordonnée à l'égard de tous les biens
« et droits compris dans les actes précités, d'en assurer la
« possession aux dits possesseurs et détenteurs, comme
« aussi d'affranchir des dites redevances les dits biens qui
« s'en trouvaient chargés. » Ainsi, par suite d'abrogations
successives, l'expropriation prononcée par l'Ordonnance de
1669 se trouvait réduite à la stérile proclamation d'un principe, à des jouissances domaniales partout où la possession
privée n'était pas établie, et à la police des rivières. C'est
seulement sous la Révolution que sera admise, sans con-
teste, la déclaration de propriété par l'État, des fleuves et
cours d'eau navigables, rangés à ce titre dans le domaine
public. On ne trouve d'exception à cette règle qu'en faveur
du Dauphiné, où des lettres patentes, signées de Henri II en
1549, déclarant que les eaux des rivières et ruisseaux appartenaient au roi en ses domaines, comme aux seigneurs
baronnets en leur circonscription justicière, reçurent leur
exécution après avoir été régulièrement enregistrées au

Parlement de Grenoble. Mais cette coutume isolée était particulière au Dauphiné, parce que cette province relevait originairement de l'Empire où, depuis le xiie siècle, les droits de cette nature étaient réputés réguliers. Un certificat de la Chambre des Comptes de Grenoble du 15 décembre 1501 constate cet usage (Salvaing, II, 47).

On sait ce qu'il fallait entendre par rivières *banales*. On appelait ainsi celles qui coulant au long ou au travers des terres seigneuriales étaient rangées dans cette catégorie, dit Terrien, « par le droit municipal de chaque province, les « conventions particulières, la concession du souverain et « l'autorité de la possession. » On convenait toutefois que la simple possession n'était pas suffisante, et comme la banalité était contraire au droit des gens, on exigeait qu'elle fût plus qu'immémoriale, et appuyée de défenses formelles et reconnues.

Les rivières *publiques* étaient celles dont jouissaient librement ceux qui habitaient dans leur voisinage. Elles étaient peu nombreuses par la raison que les seigneurs s'efforçaient toujours de les réclamer comme une portion de leur domaine non fieffé.

Quant aux rivières *particulières*, elles provenaient des sources formées sur les héritages privés avant de parvenir sur les lieux publics. Elles servaient à l'arrosage des prairies et étaient souvent revendiquées par les seigneurs féodaux. Il serait difficile de préciser d'une façon certaine à qui elles appartenaient. Quelques auteurs les attribuaient aux riverains, d'autres aux seigneurs. Loisel (1) n'en fait la pro-

(1) *Instit.,* lib. II, tit. II, n° 5.

priété de ces derniers que lorsqu'elles ont une largeur de sept pieds. Au fond, il n'y avait sur ce point aucune règle générale. Tout dépendait des titres et de la possession.

En dehors des eaux courantes, il convient de citer les étangs, mares, fossés et viviers qui étaient régis par une législation spéciale, étant en fait assimilés aux garennes particulières. Nous nous occuperons d'abord de la pêche en eau courante.

DU DROIT DE PÊCHE DANS LES FLEUVES ET RIVIÈRES NAVIGABLES.

La faculté de pêcher n'appartient pas à tout le monde. Elle ne s'exerce que dans un milieu, c'est-à-dire dans des eaux où l'on a un droit de propriété, d'usage, de bail ou tout autre droit utile. On ne peut pas plus pêcher en effet qu'on ne peut chasser sur la propriété d'autrui.

La police de la pêche appartient au roi et elle s'applique à tous les cours d'eau sans distinction. Toutefois, dans les eaux du domaine, le roi exerçant un droit de propriété peut imposer aux pêcheurs telles conditions qu'il juge utile. C'est ainsi que l'exercice de la pêche dans les fleuves et rivières navigables placés par l'ordonnance de 1669 au nombre des biens de la Couronne, est soumis à un régime particulier. Personne ne peut y exercer la pêche, à peine de cinquante livres d'amende la première fois et du double en cas de récidive, avec confiscation des engins, que les maîtres pêcheurs reçus aux sièges des maîtrises (art. 1er) et âgés de vingt ans au moins. Leur admission n'était prononcée qu'après enquête établissant les bonnes vie et mœurs et la religion du récipiendaire, et serment préalablement prêté qu'il ne se servirait pas d'engins défendus.

La qualité de maître pêcheur ainsi acquise ne donnait pas à elle seule le droit de pêche. Elle n'était qu'une condition nécessaire pour l'exercer. Il fallait encore prendre à ferme les droits de pêche ou payer la redevance fixée par les règlements.

On sait que sous l'ancien régime tous les corps de métier étaient constitués en jurandes. Il en était ainsi pour les maîtres pêcheurs qui, lorsqu'ils formaient une corporation de huit membres au moins, élisaient chaque année, dans les assises tenues aux maîtrises particulières, un maître de la communauté chargé « *d'avoir l'œil* sur les membres de la « Société et d'avertir les officiers royaux des abus commis. » A défaut de huit membres, l'élection se faisait concurremment avec les maîtres pêcheurs des deux ou trois prochains ports (art. 3), « le tout sans frais, et sans exaction de « deniers, présents et festins à peine de punition exemplaire « et d'amende arbitraire. »

Les ordonnances de 1453 et 1467 constituent les maîtres de la communauté comme les gardiens légaux de ce qui appartient à ses adhérents : si l'un de ceux-ci trouve des filets ou s'empare de poisson qui ne lui appartient pas et dont il ignore le propriétaire, il doit faire connaître sa trouvaille au garde de la communauté qui en devient dépositaire. Le fait de conserver les objets pendant une nuit sans dénoncer sa découverte rend l'auteur passible d'une amende arbitraire.

La pêche étant interdite sur les fleuves et cours d'eau

navigables à toutes personnes autres que les maîtres pêcheurs, il convenait de prendre des mesures spéciales contre les individus qui vivaient du transport par eau. C'est l'objet de l'article 15 qui défend à « tous mariniers, contre-maistres, « gouverneurs et autres compagnons de rivières, condui- « sant leurs nefs, bateaux, besognes, marnois, flettes ou « nasselles d'avoir aucun engin à pecher permis ou non, à « peine de cent livres d'amende et de confiscation. »

Quoique la propriété des cours d'eau navigables fut réputée appartenir au roi, l'ordonnance reconnaît que des particuliers peuvent y avoir un droit de pêche. Elle le confirme, pourvu qu'il y ait titre ou possession valables. La condition ainsi exigée n'était pas de jurisprudence nouvelle. L'ordonnance de juillet 1572 ordonnait d'informer contre ceux qui, sans qualité, pêchaient dans les rivières du domaine. Un règlement de la Table de marbre près le Parlement de Normandie du 26 mai 1719 prescrit à tous prétendants au droit de pêche en Seine, de représenter leurs titres au greffe, et, faute par eux d'obtempérer à cette injonction, prononce leur déchéance.

Il faut bien reconnaître que cet arrêt était d'une exécution à peu près impossible. La plupart des seigneurs n'avaient plus leurs titres primordiaux. L'ordonnance de 1669, à défaut de titres, n'exigeant d'ailleurs qu'une possession valable. La jurisprudence finit par se contenter de titres déclaratifs tels que jugements, dénombrements et aveux, ou même d'une possession plus que centenaire. Une déclaration du 12 mars 1672, portant règlement du droit de coutume dans la province de Normandie a confirmé cette jurisprudence, en maintenant dans leur mode de perception ceux qui justifieraient par des actes leur possession avant l'année 1650.

Les particuliers dont les droits étaient reconnus ne les exerçaient pas sans contrôle et sans réserve. Le règlement de la Table de marbre de Normandie de 1719 fixe « aux « anciens traits ordinaires » les limites dans lesquelles ils peuvent faire pêcher dans la rivière de Seine. Ils devaient, de plus, fournir aux Procureurs du roi près des maîtrises un état des pêcheurs auxquels ils avaient fait bail, avec leurs noms, surnoms et domiciles. Cette déclaration était enregistrée au greffe. Les pêcheurs étaient tenus de comparaître chaque année aux assises des maîtrises pour y élire un maître de communauté et d'observer le *même ordre* que les pêcheurs des maîtrises royales (art. 20).

On ne pouvait élever en Seine aucune pêcherie sans autorisation, ni jeter dans les eaux des décombres, fumiers, gravois et autres immondices. Une ordonnance de février 1415 prescrit de les faire enlever aux dépens de ceux qui les ont déposés et de conduire en prison ceux qui seraient surpris la nuit en flagrant délit. L'ordonnance de 1669 confirme les anciennes dispositions législatives à ce sujet, et enjoint à toutes personnes d'enlever les immondices trouvées dans les rivières navigables, sous peine de cinq cents livres d'amende contre ceux qui les auraient jetées et de tous dommages-intérêts contre les magistrats qui auraient négligé de les faire ôter.

DU TEMPS DE LA PÊCHE

La loi doit réserver pour la reproduction du poisson la saison du frai, comme elle réserve pour le gibier l'époque de la ponte. Les anciennes instructions des eaux et forêts édictaient à ce sujet des prohibitions multipliées, les quinze premiers jours de février, la seconde quinzaine de mars, la première quinzaine d'avril et de mai, le tout afin de protéger les diverses espèces de poisson. L'ordonnance de 1669, rédigée sur des observations nouvelles, ne fait pas autant de distinctions. Elle défend la pêche, du 1er février à la mi-mars dans les rivières où la truite pullule, et du 1er avril au 15 juin dans les autres cours d'eau. Toute contravention est punie, la première fois de vingt livres d'amende et d'un mois de prison, — la deuxième fois les peines sont portées au double, — la troisième fois les juges prononcent le carcan, le fouet et le bannissement temporaire de la maîtrise.

Toutefois, il existe des poissons qui ne fréquentent les rivières que pendant un certain temps. Il faut profiter de leur passage. C'est la raison pour laquelle la pêche du saumon, de l'alose et de la lamproie n'est jamais défendue en temps de frai (art. 7), à la condition pour les pêcheurs de rejeter aussitôt toute autre espèce de poisson qui serait venu se prendre dans leurs filets.

Ajoutons que la pêche est toujours prohibée de nuit, sauf aux arches des ponts, aux moulins et aux gords où elle se fait à l'aide de dideaux ; elle l'est encore, mais pour un motif de religion, du samedi soir au lundi matin, et aussi les jours de fête de Vierge et d'apôtres, aux quatre fêtes solennelles et le jour de la fête du patron, sauf en temps de carême ou au cas de disette de poisson, avec la permission du maître de la communauté, le tout sous peine de vingt livres d'amende. Pour contraindre les pêcheurs à observer cette défense, il leur est enjoint d'apporter tous leurs engins et harnois les samedis soir et veilles de fêtes, au domicile du garde de leur communauté et de les y laisser jusqu'au lendemain de la fête ou du dimanche après le soleil levé. Les pêcheurs convaincus de contravention sont punis de quarante livres d'amende, et les maîtres de la communauté, condamnés à une amende de cinquante livres avec interdiction de la pêche pendant un certain laps de temps quand ils ont rendu les filets et harnois avant le temps prescrit (*Conf.* ord. de mars 1453 et de novembre 1476).

Les administrateurs de l'Hôtel-Dieu de Paris prétendaient avoir le droit de pêcher jusqu'à la ruelle du four de Villeneuve, trois jours avant les fêtes de saint Jean et de saint Gilles, même les jours de dimanche et de fêtes solennelles, en obtenant l'autorisation de l'archevêque de Paris.

DES MODES DE PÊCHE AUTORISÉS OU DÉFENDUS

L'ordonnance de 1346, confirmée par les ordonnances postérieures, notamment par celle de 1515 (art. 89) fait le dénombrement des filets prohibés. Nous n'y reviendrons pas plus que ne l'a fait l'Édit de 1669, qui se borne à ajouter aux engins défendus le giles, le tramail, le furet, l'épervier, le chalan et le sabre « de même que tous instru- « ments pouvant servir au dépeuplement des rivières » (art. 10). Nous remarquerons seulement qu'une ordonnance de Charles IX du mois d'octobre 1563 avait indiqué les filets dont l'usage était alors permis, et que parmi ces engins on en trouve plusieurs qui semblent être en même temps considérés par les auteurs comme prohibés. C'était évidemment une question de nuance et de pratique, mais qui pouvait prêter à l'arbitraire.

Il ne suffisait pas d'ailleurs d'avoir des filets autorisés, il fallait encore qu'ils fussent fabriqués, contrôlés et poinçonnés conformément à la loi. La maille, en effet, devait avoir une largeur réglementaire d'un gros tournois d'argent du règne de Louis XI, de Pâques à Saint-Remy, et d'un parisis, de cette dernière date à Pâques. Elle devait être carrée et non en losange et faite sans accrue. Les filets ainsi fabriqués étaient, en exécution d'une ordonnance de Henri IV du mois de mai 1597, portés au contrôle des officiers des maîtrises chargés de les marquer d'une empreinte aux armes du roi et d'en tenir enregistrement.

Les pêcheurs des usagers dans les cours d'eau navigables étaient astreints aux mêmes formalités.

Nous savons que les officiers des eaux et forêts étaient autorisés à faire rechercher les engins défendus, même pendant la nuit, chez les pêcheurs ou chez les ouvriers soupçonnés d'en fabriquer. Ils en faisaient prononcer par jugement la confiscation et les faisaient brûler à l'issue de l'audience. Toute destruction opérée sans l'accomplissement des formalités légales était de nature à attirer contre son auteur une condamnation en dommages-intérêts.

Il n'avait pas paru suffisant de défendre l'emploi des filets propres à la destruction du petit poisson. Les pêcheurs devaient, dans un intérêt de conservation, lorsque malgré ces précautions prises ils avaient capturé de ce genre de poisson, le rejeter immédiatement en rivière. On sait quelle était à cet égard la règle fixée par les anciennes ordonnances. Nous en avons indiqué les inconvénients. Elle se basait sur la valeur commerciale du poisson. L'ordonnance de 1669 (art. 12) a substitué à une estimation toujours variable et incertaine une règle fixe et facile à établir. Elle veut que les truites, carpes, barbeaux, brèmes et meuniers aient une longueur de six pouces entre l'œil et la queue, — les tanches, perches et gardons, cinq pouces seulement. Toute contravention est punie de cent livres d'amende et de confiscation.

Par suite, aucun poisson au-dessous de cette taille ne pouvait être mis en vente. Les Procureurs du roi aux maîtrises devaient, à cet effet, se transporter au moins une fois la semaine sur les places de marché, et il leur était permis de faire toutes perquisitions utiles dans les bannetons, boutiques et étaux des pêcheurs.

Ajoutons qu'il n'était pas loisible, à peine de cent livres d'amende d'aller « au barandage et de mettre des bacs en « rivière » (art. 10), à peine de cinquante livres d'amende et de bannissement des rivières, de battre l'eau non seulement aux arches, gords et herbes comme le disaient les anciennes ordonnances, mais sous les chevrins, racines, saules, osiers et terriers, de se servir de lignes avec eschets ou amorces vives, de pêcher dans les noues et d'user de chaisnes et clairons pour attirer ou effrayer le poisson. — Le jet dans les rivières de la chaux, la noix vomique, la coque du levant, momie ou autres drogues ou appâts était passible de punition corporelle.

L'ordonnance de 1669 a mis fin à un abus considérable en interdisant désormais la *fure*. On appelait ainsi une sorte de pêche solennelle faite sous la direction des officiers des maîtrises avec accompagnement de chants et de musique. Sous prétexte de fête, au milieu de l'allégresse générale, tout était permis ; les règlements étaient foulés aux pieds. Tout poisson était bon à prendre et par tous les moyens. On arrivait en peu d'heures à un véritable dépeuplement des rivières, sans compter ce qu'une tolérance aussi regrettable amenait de relâchement dans la surveillance, de familiarité avec les assujettis, d'indiscipline chez les pêcheurs. À partir de 1669, la fare a été supprimée.

DU DROIT DE PÊCHE DANS LES RIVIÈRES PARTICULIÈRES

La propriété d'une rivière n'emporte pas seulement le droit d'y pêcher, mais d'en interdire la pêche. Les anciennes instructions ne méconnaissent pas, au profit du seigneur, la faculté de mettre ses eaux particulières en deffens et l'autorisent, s'il trouve quelqu'un pêchant dans sa rivière sans son agrément, de se saisir du délinquant et de ses instruments de pêche, sauf à porter immédiatement l'affaire devant les maitres des eaux et forêts. La coutume de Normandie (art. 36), va plus loin : elle permet au seigneur du fief, où le pêcheur a été pris en flagrant délit, de garder le coupable jusqu'à ce qu'il ait donné garantie suffisante pour le paiement de l'amende et des dommages-intérêts, à moins qu'il ait juridiction en basse justice, auquel cas la détention ne pouvait être que de vingt-quatre heures, au bout desquelles le prévenu était envoyé dans la prison du juge supérieur, à titre de prison empruntée.

Toutefois, si le propriétaire pouvait exercer la pêche de ses eaux ou en tirer profit en la louant, il ne lui était pas loisible d'en user à sa volonté. Il devait, par lui-même ou par ses pêcheurs, se conformer aux prescriptions de l'ordonnance sur la forme et la nature des engins, la grosseur du moule, les modes de pêche autorisées, le temps où elle était permise..., etc. Un arrêt du Conseil d'État du 27 novembre 1731, jugeant par voie de règlement, a décidé souverainement cette question. Il a fait « defenses à *tous* « pêcheurs de pêcher avec des filets et engins défendus par « les ordonnances tant dans les rivières navigables et flot- « tables que dans celles qui ne le sont pas et dont la pro- « priété appartient à des seigneurs particuliers et ce, sous « les peines portées par l'ordonnance du mois d'août 1669. »

Ajoutons que si les particuliers avaient le droit d'approfiter la pêche en l'exerçant directement ou la donnant à bail, il n'en était pas de même des communautés d'habitants. Dans ce cas, chaque intéressé n'usait pas personnellement de son droit. Il lui était même défendu de pêcher dans les eaux communes, mais le produit de la pêche était mis en adjudication à l'audience ordinaire des plaids, en présence du procureur d'office ou du procureur du roi de la maitrise, au profit de la communauté, après publications faites aux prônes de la messe paroissiale et dans les marchés publics. Le prix en était employé aux réparations de l'église et aux nécessités pressantes de la communauté.

PÊCHERIES, ÉTANGS, MARES ET FOSSÉS

Nous avons dit qu'aucune pêcherie ne pouvait être établie sur les fleuves et rivières navigables sans autorisation du gouvernement. Il n'en était pas de même sur les cours d'eau particuliers. Tout seigneur avait droit d'en établir une dans ses eaux, à la condition que les deux rives fussent situées sur son domaine. Si la rivière coulait entre deux fiefs, chaque seigneur en avait la propriété par moitié et ne pouvait rien faire sans l'agrément de l'autre. L'établissement des pêcheries était d'ailleurs considéré en Normandie comme un droit féodal; les particuliers ne pouvaient en construire dans leurs rivières que par le consentement exprès de leur seigneur. Celui-ci, au contraire, avait, pour sa commodité, la faculté de détourner l'eau courante dans sa terre, mais, à la double condition de ne porter aucun préjudice à ses vassaux ou voisins, et de rendre, à la sortie de sa terre, l'eau à son cours ordinaire.

Les étangs, mares et fossés constituent une propriété d'un ordre tout particulier. Les poissons qui y sont élevés ne sauraient être reconnus comme *res nullius*. Ils appartiennent incontestablement au possesseur du fonds qui les a placés. Aussi, dans les coutumes de Paris, de Melun, d'Orléans, de Calais et de Normandie, le poisson des étangs était-il réputé, en quelque sorte, partie du terrain; il devenait immeuble par destination.

Dans d'autres coutumes, le poisson était meuble quand il était en pêche, c'est-à-dire à deux ans en Nivernais, à trois ans à Reims, Laon, Châlons et Sedan. Dans le Bourbonnais, à Blois, et dans le Hainault, il était meuble dès que la bonde de l'étang était levée pour la pêche.

Il y avait des étangs royaux et des étangs particuliers. Les étangs royaux ont été longtemps en régie. « La cour les « faisait d'abord, dit Saint-Yon, administrer avec ménage

« et économie. » Le poisson capturé était envoyé pour servir à l'alimentation de la famille royale. Si le transport était trop long et que la fraîcheur du poisson dût s'en ressentir, il était vendu à cri public et aux enchères, sans que les maîtres des eaux pussent l'adjuger à leurs parents et alliés. Le produit de la vente remis entre les mains du receveur du domaine servait à l'achat du poisson de mer. Plus tard, on s'aperçut des inconvénients de ce mode d'administration. Les cadeaux absorbaient la meilleure partie du revenu. On transforma la régie en un système d'affermage, opéré par les soins du grand maître ou de son lieutenant. Les adjudicataires étaient tenus d'assurer le *rempoissonnement* au moyen de poissons dont l'ordonnance de 1669 fixe la dimension, six pouces pour la carpe, cinq pour la tanche, quatre pour la perche. Il n'était pas fixé de dimension pour le brochet, jeté seulement dans les étangs un an après leur empoissonnement.

La même règle était prescrite pour les étangs, mares et fossés des ecclésiastiques et des communautés (art. 31).

Le droit d'étang variait avec les provinces. Dans un certain nombre de coutumes, il était considéré comme un apanage de haute justice. A Mezières, on ne pouvait creuser un étang sans l'autorisation du haut justicier. A Chaumont et à Nevers, les hauts justiciers ont droit de porter leurs étangs sur les terres voisines en indemnisant les propriétaires. Dans le Maine et l'Anjou, les seigneurs féodaux jouissent des mêmes droits. Les coutumes d'Orléans et de Montargis se montrent plus faciles. Elles permettent à tout le monde d'avoir bonde ou grille d'étang sur son terrain, à condition de ne pas nuire aux droits d'autrui. En Nor-

74

mandie, l'usage avait établi une distinction : quiconque, seigneur ou vassal, peut avoir un étang quand cet étang s'emplit au moyen d'une source jaillissant sur le même fonds, mais il ne peut le former avec une rivière étrangère. Le seigneur a droit de s'y opposer.

L'étang inférieur doit supporter, en temps de pêche, les eaux de l'étang supérieur; aussi, celui du dessous doit-il être péché le premier. Cependant, trois jours après la sommation, la bande de l'étang supérieur peut être levée, excepté du 1ᵉʳ octobre au 15 mars.

Le droit que le propriétaire du fonds avait sur le poisson de ses étangs était si complet et si absolu que certaines coutumes, comme celles de Blois et d'Orléans, permettaient de suivre le poisson que la crue des eaux avait pu porter dans l'étang supérieur, ou dans les ruisseaux des héritages contigus, *en remontant,* et ce, pendant un espace de huit jours après la retraite des eaux.

Il est inutile de dire, avec de tels principes, que les peines prononcées contre le braconnage de pêche dans les étangs étaient très rigoureuses. Dans plusieurs provinces, c'étaient les peines du vol. D'autres coutumes distinguaient la pêche de nuit et la pêche de jour, et réservaient, pour la première, les peines corporelles. L'ordonnance de 1669 ne punit comme vol que la pêche sur les mares et étangs glacés en rompant la glace, ou en y portant des feux.

DE LA SURVEILLANCE DES EAUX

Pendant longtemps, la surveillance des eaux et des forêts a été confiée aux mêmes agents portant les noms de gardes ou de sergents. Primitivement la plupart des sergenteries royales étaient inféodées. Les titulaires devaient faire en personne, à peine de privation de leurs offices, le service qui y était attaché. C'est ainsi que la charte aux Normands disait : « *Nullus serviens noster spado, vel alius officialis noster cujuscumque conditionis existat, servitium vel officium sibi concessum alii cuicumque locare valeat, alias ipso facto, ipsum servilium vel officium amittat.* » Mais cette disposition n'était applicable qu'à la Normandie ; au contraire, deux ordonnances de 1355 et 1356, en obligeant les sergents au service personnel, faisaient précisément une exception pour les sergenteries fieffées. Il en résulta un abus facile à prévoir. Des seigneurs obtinrent ou se firent céder des terres auxquelles étaient attachées des sergenteries. Ils nommèrent pour les remplacer, des gens dans leur dépendance et se livrèrent, avec leur complicité, à tous les abus. Le désordre devint tel que la suppression des sergenteries s'imposa. Elle fut ordonnée par arrêt du Conseil du 8 août 1669.

Déjà on avait créé des offices de maîtres-gardes, sergents dangereux, sergents-chevaucheurs, traversiers, routiers. L'ordonnance de 1669 a simplifié cette classification en établissant seulement des gardes généraux et sergents à cheval (titre X), avec la surveillance géminée des eaux et des forêts de la couronne. Les places de gardes généraux et de sergents-gardes ont été érigées en titre d'officiers héréditaires par édit de novembre 1689.

Ces fonctionnaires devaient avoir vingt-cinq ans et savoir lire et écrire. Ils étaient nommés après enquête de moralité. Leurs procès-verbaux soumis à l'affirmation faisaient foi de leur contenu. Ils devaient être signifiés aux parties et déposés aux greffes des maîtrises. On en gardait copie sur un registre coté et paraphé.

Les seigneurs avaient droit de nommer un garde pour surveiller leurs rivières aussi bien que leurs forêts. On avait longtemps soutenu que les hauts justiciers avaient seuls cette faculté, parce qu'ils pouvaient seuls communiquer aux gardes un caractère public. On est revenu sur cette opinion, assurément erronée, et l'on reconnaissait sous Louis XIV que, si les seigneurs féodaux n'avaient pas qualité pour recevoir un garde devant leur tribunal de moyenne ou basse justice, ils pouvaient au moins en présenter un devant le tribunal compétent.

DE LA JURIDICTION

Le tribunal de la Gruerie forme le premier degré de juridiction en matière d'eaux et forêts de la couronne. La création des Gruyers remonte à une date très ancienne. Il en est question dans les ordonnances de 1303 et de 1346. Reçus en titre d'office en février 1554, déclarés héréditaires en janvier 1583, ils prêtent serment devant la maîtrise particulière dont ils dépendent.

Primitivement, les Gruyers ne jugeaient que les délits dont l'amende ne dépassait pas soixante sous. L'ordonnance d'avril 1667 a porté leur compétence à six livres, celle de 1669 à douze livres. Au-delà, ils doivent renvoyer l'affaire devant la maîtrise particulière, à peine de cinq cents livres d'amende pour la première fois et d'interdiction en cas de récidive. L'appel de leurs sentences était porté aux maîtrises dans la quinzaine de la condamnation.

Les maîtres particuliers ou leurs lieutenants connaissaient en première instance, tant au civil qu'au criminel, de tous procès relatifs aux eaux et forêts et affaires qui pouvaient en dépendre, comme vols, excès, meurtres. Leur juridiction s'exerçait uniformément contre toute personne, quelle que fût sa qualité, gentilhomme, officier, bourgeois, marchand, ouvrier, batelier ou pêcheur, en réglant leur compétence sur le lieu seul du délit, abstraction faite du domicile du défendeur (arrêt du Conseil du 30 juin 1691). Aucune évocation n'était tolérée en cette matière. Les ecclésiastiques seuls prétendaient se soustraire à la juridiction des maîtrises sans tenir compte de l'ordonnance de 1600, qui condamne les religieux et ecclésiastiques aux mêmes peines que les laïques. Les Parlements, en enregistrant cette disposition avec des modifications diverses, ont eux-mêmes aidé à une divergence d'appréciation assez difficile à comprendre. En Normandie, on était assez porté à faire une distinction suivant que l'affaire présentait ou ne présentait pas de gravité. Dans le second cas, on retenait l'affaire; dans le premier, on la renvoyait devant les tribunaux ecclésiastiques.

La procédure suivie devant les maîtrises était réglée par les ordonnances de 1667 et 1670, qu'il serait sans intérêt d'étudier en détail. Disons seulement que les intéressés étaient tenus de comparaître en personne, sans pouvoir se faire représenter, et que les sentences définitives étaient exécutées par provision lorsque le principal des condamnations n'excédait pas cent livres, et dix livres de rente sans y comprendre les dépens.

Les grands maîtres pouvaient eux-mêmes faire office de

juges de première instance quand ils étaient saisis des actions pendant le cours de leurs inspections (Ordonnances de juin 1543, juillet 1544, — mai 1545, février 1554... etc.). L'ordonnance de 1669 les maintient, sauf appel, dans l'exercice de ce droit.

Un certain nombre de seigneurs et de communautés prétendaient avoir des tribunaux spéciaux en matière d'eaux et forêts. Avant l'édit du mois de mars 1707, leur prétention devait être établie par titres ou par une possession immémoriale. Depuis cette époque un nouvel ordre de choses s'est produit : Il a été créé dans chaque justice seigneuriale, ecclésiastique ou laïque du royaume, des offices héréditaires de conseiller du roi, juge gruyer, de procureur du roi et de greffier, avec faculté d'acquisition par les seigneurs ou communautés intéressées.

Plusieurs arrêts du Conseil défendent aux juges des seigneurs de porter le titre de maître des eaux et forêts (8 décembre 1691, 12 mai 1693). L'ordonnance de juin 1601, permet même aux juges ordinaires seigneuriaux de connaître des faits de chasse. L'ordonnance de 1669 établit une distinction entre les juges des eaux et forêts des seigneurs et les juges ordinaires des mêmes personnes : les magistrats des maîtrises royales ne jouissaient de la prévention, quand il y avait des juges particuliers, que dans le cas où ils étaient requis, tandis qu'ils avaient toujours la prévention et la concurrence sur le juge ordinaire, même sans réquisition. Elle oblige les pêcheurs des particuliers sur les fleuves et rivières navigables à comparaître devant les maîtrises du roi à l'exclusion des juges des seigneuries dont ils dépendent.

L'appel des sentences seigneuriales en matière d'eaux et forêts relevait directement aux sièges des Tables de marbre (Ordonnances de 1669 et de 1707), de même que celui des maîtrises royales.

La juridiction dite de la Table de marbre à Paris, à Rouen et dans quelques autres villes, était ainsi appelée parce que, anciennement, ce tribunal se réunissait autour d'une grande table en marbre. La connétablie, l'amirauté et les grandes maîtrises des eaux et forêts y rendaient la justice.

La Table de marbre était présidée par le Grand maître, et comme autrefois il n'y en avait qu'un en France, il n'y avait aussi qu'un siége de la Table de marbre à Paris. Tous les appels des maîtrises particulières y ressortissaient. On comprit bientôt les inconvénients d'un pareil régime. En 1534, François I er créa un grand maître des eaux et forêts en Bretagne. L'édit de 1554 étendit cette mesure à toutes les maîtrises alors établies dans le royaume. Cette juridiction ainsi présidée ne pouvait connaître d'aucun fait de chasse ou de pêche en première instance. Elle était et devait rester tribunal d'appel.

Les Tables de marbre, tribunaux de second degré, étaient elles-mêmes soumises par voie d'appel au contrôle des Parlements. Une chambre spéciale était, à cet effet, créée dans chaque Parlement. En Normandie, la Grande Chambre connaissait sous le titre de Chambre de la réformation des eaux et forêts soit au civil, soit au criminel, de toutes appellations. Elle se composait du premier président, des présidents à mortier et des dix plus anciens conseillers.

Quelques tribunaux de la Table de marbre pouvaient cependant juger en dernier ressort. Il en était ainsi notamment à Paris depuis l'édit du mois de mars 1558 ; la chambre se composait alors extraordinairement du Premier président du Parlement, ou en son absence d'un président à mortier, de sept conseillers de la Grande Chambre, dont un ecclésiastique, et de quatre officiers de la Table de marbre, en tout douze magistrats. Le Grand maître pouvait assister à l'audience, mais dans ce cas il n'avait séance qu'après le dernier des conseillers de la Grande Chambre. Cette juridiction souveraine existait encore en 1669. Mais, par un édit de février 1704, toutes les Tables de marbre et juridictions forestières en dernier ressort furent supprimées, et il fut créé en leur lieu et place, dans chaque parlement, une chambre pour juger en dernier ressort les instances relatives aux eaux et forêts et aux faits de chasse et de pêche. Au mois de mai de la même année, la Table de marbre de Paris était rétablie. Dans plusieurs autres villes de province, les Tables de marbre ont été réunies au Parlement. Dans d'autres pays, les Tables de marbre ne se constituaient jamais en cour souveraine. Il en était ainsi en Normandie où un arrêt du Parlement du 3 août 1718 a défendu aux officiers du siége de la Table de marbre pour les eaux et forêts de rendre aucun jugement qualifié en dernier ressort, ni de recevoir aucun appel des sentences rendues par les maîtrises particulières ou les justices des seigneurs lorsqu'elles porteraient condamnation à des peines afflictives ou infamantes ou qu'il y aurait appel *a minimá* du procureur général.

Les amendes vertissaient au profit du *trésor*, toutes les fois que les délits avaient été poursuivis par les officiers royaux, même à raison de délits commis dans les eaux des ecclésiastiques, commanderies, hôpitaux, maladreries et communautés (Titre XXXII, art. 17 de l'ordonnance de 1669). Il en profitait, même en cas de condamnation, devant les tribunaux forestiers seigneuriaux, quand le différend s'élevait entre particuliers. L'amende n'appartenait au seigneur que lorsqu'il était partie au procès par son procureur fiscal, pour le maintien et la conservation de ses droits personnels.

Les amendes étaient recouvrées conformément aux dispositions de l'édit du mois de mai 1716, et au besoin par la voie de la contrainte par corps.

La juridiction forestière est restée ainsi établie jusqu'à l'édit de mai 1788 qui a supprimé les tribunaux d'exception. Les maîtrises ont encore continué à subsister, mais leur rôle amoindri était réduit au droit d'administration, d'inspection et de procès-verbal. La juridiction contentieuse en était détachée et attribuée aux bailliages et présidiaux.

Les gruyers seigneuriaux étaient au contraire maintenus dans leurs fonctions, sauf appel aux présidiaux, grands bailliages et parlements. L'année suivante ils étaient renversés avec les privilèges nobiliaires.

A cette époque, il faut bien le reconnaître, si la situation de la bourgeoisie s'était singulièrement améliorée, celle des habitants des campagnes ne s'était pas sensiblement modifiée. Un certain nombre de droits féodaux avaient disparu par le rachat qu'en avaient fait les intéressés; par suite de la dépréciation de l'argent et du caractère immuable des redevances, le taux des perceptions fiscales s'était abaissé, mais les privilèges nobiliaires n'en subsis-

taient pas moins en principe et le paysan avait conservé
contre eux un sentiment d'exécration qui le poussait à confondre, dans sa haine, les défenses brutales imposées par la
violence avec les réserves contractuelles acceptées par les
parties intéressées dans des conventions depuis longtemps
existantes. Tout ce qui constituait un avantage seigneurial
était devenu odieux comme le nom de seigneur lui-même.
Il n'était pas difficile de s'en rendre compte. En vain les
cahiers des États avaient généralement posé en principe le
respect de la propriété. En vain le roi avait, lors de l'ouver-
ture des États, répondu à ce vœu en disant : « Toutes les
« propriétés sans exception seront constamment respec-
« tées, et Sa Majesté comprend expressément sous le nom
« de propriétés les dîmes, cures, rentes, droits et devoirs
« féodaux et seigneuriaux. » La poussée de l'opinion
publique était trop forte. On se disait que les droits féodaux
même contractuels ne pouvaient pas, à raison de l'état d'in-
fériorité de l'une des parties intéressées, être considérés
comme librement acceptés. Un commencement de soulè-
vement se produisait dans les campagnes. La noblesse pré-
féra aller au devant d'un réclamation violente. Dans la nuit
du 4 août 1789, elle renonça aux droits féodaux. Elle abolit
sans indemnité ceux qui tenaient à la main-morte réelle ou
personnelle et à la servitude personnelle, ainsi que tous
droits les représentant. Elle déclara les autres rachetables
moyennant un prix et un mode de racquit à déterminer ulté-
rieurement par l'assemblée nationale. — Dans l'article 3 de
son décret, le droit exclusif de *chasse* et de *garenne ouverte*
était aboli. Dans l'article 4, les *justices seigneuriales* étaient
supprimées sans indemnité. Néanmoins les officiers de ces

justices devaient continuer leurs fonctions jusqu'à ce qu'il eût été pourvu, par l'Assemblée nationale, à l'établissement d'un nouvel ordre judiciaire. Ce fut l'objet de la loi du 7 septembre 1790 qui, spécialement dans son article 7, défère aux tribunaux ordinaires le jugement des affaires concernant la pêche et les forêts.

Le droit de *pêche* n'avait pas été nommément compris comme celui de chasse au nombre des droits abolis. La raison en est qu'il n'avait pas conservé le caractère d'exclusion qui caractérisait le droit de chasse. Sagement et progressivement réglementé contre les seigneurs mêmes, il était moins impopulaire. Dans ses *Notices historiques sur la Révolution dans le département de l'Eure*, M. Boivin-Champeaux fait remarquer que, dans les cahiers des États, la pêche n'a pas motivé de plaintes sérieuses parce qu'elle occasionnait peu de dégâts. Seules quelques paroisses comme Saint-Denis-le-Ferment, ont réclamé contre le passage dans les prés, du 15 avril au 15 octobre, et contre la faculté de suspendre aux arbres les filets et autre engins de pêche. Il n'en restait pas moins constant qu'il fallait régulariser la situation créée par les abandons de la nuit du 4 août.

Le décret qui porte cette date (bien que par suite des résistances royales il ait été en réalité promulgué le 3 novembre suivant), comprenait assurément l'abolition du droit féodal de pêche comme se rattachant à la servitude personnelle (1). Il le supprimait sans indemnité, de même que certains droits de cénage ou autres taxes perçus sur les pêcheurs, mais il laissait subsister certains droits relatifs

(1) Il a d'ailleurs été confirmé par les décrets spéciaux à cette matière des 6, 30 juillet et 22 novembre 1793.

aux étangs, au moins *jusqu'à indemnité*. Cette dernière condition fut elle-même rétractée par les décrets du 25 juin 1792 et 17 juillet 1793. L'article 6 de ce dernier acte législatif ordonnait même la destruction par le feu de tous titres recognitifs des droits supprimés et prononçait cinq ans de fer contre les dépositaires convaincus d'avoir recelé les minutes ou expéditions de ces actes. La révolution était complète : La pêche féodale et tout ce qui s'y rattache étaient pour toujours effacés de nos lois.

Un certain nombre de possesseurs de fiefs avaient, il est vrai, obtenu de la libéralité royale, à diverses époques, des concessions sur les fleuves et rivières navigables. Nous avons vu à quelles conditions l'ordonnance de 1669 et les édits postérieurs les avaient maintenus dans leurs privilèges. Les droits de propriété sur ces cours d'eau ont été supprimés par le décret du 22 novembre 1790, déclaratif du domaine national (art. 1er), et de son inaliénabilité (art. 8), et par le code rural des 28 septembre-6 octobre 1791, qui défend à quiconque de se prétendre propriétaire d'un fleuve ou cours d'eau navigables. Les droits de pêche consentis sur ces rivières avaient incontestablement suivi le même sort. Puisque les fleuves et rivières navigables faisaient partie des biens de la nation, le droit de pêche qui est un démembrement du droit de propriété lui appartenait aussi. Toutefois cette maxime fut même la source d'une foule d'abus : On avait à ce moment une idée assez fausse du domaine de l'État. On se figurait volontiers que du moment que ces biens appartenaient à la nation chaque membre de la collectivité avait sur eux des droits individuels de jouissance et, comme on confondait assez volontiers la licence avec l'usage, on se croyait tout permis. La pêche sur les cours d'eau navigables se faisait ostensiblement, en tous temps, par tous les moyens. On écartait comme tombées en désuétude et abrogées de droit les anciennes dispositions de police édictées sur la pêche de ces cours d'eau. Le désordre était à son comble. La loi du 7 septembre 1791 qui avait supprimé les maîtrises avait bien, il est vrai, spécifié que les officiers de l'ancienne administration cesseraient seulement leurs fonctions lorsque les nouveaux préposés entreraient en activité de service, montrant ainsi que le gouvernement maintenait provisoirement les lois de l'ancien régime sur les eaux et forêts. Les traitements des employés du bureau de l'ancienne régie avaient même été conservés (décret du 15 avril 1792), et les vacations ou frais de voyage des membres des maîtrises réglés par le décret du 15 août suivant. Mais l'état d'incertitude et de « crainte où se trouvaient ces agents, dit « M. Baudrillart (1), la défaveur jetée sur eux par les desti- « tutions, par la nomination d'hommes absolument nou- « veaux dans l'administration des bois, par la nullité de la « plupart des traitements et l'état malheureux où ces « employés furent réduits, toutes ces circontances, en « faisant naître le découragement et le dégoût, rendirent la « surveillance moins active et la licence plus effrontée. » Il fallait à tout prix porter à cet état de choses un prompt remède. La loi du 28 messidor an VI chercha à y pourvoir. Elle est ainsi conçue : « Le Directoire, sur le rapport fait « par le Ministre de la Justice que, dans quelques-uns des « départements réunis, aucune règle de police n'est ob-

---

(1) Préface du *Dict. des forêts*, p. 75.

« servée relativement au droit de pêche; que la faculté
« qu'ont tous les citoyens de pêcher dans les rivières navi-
« gables et flottables sert même de prétexte pour occasion-
« ner des dégâts dans les propriétés d'autrui pour com-
« mettre toutes sortes de délits et que certains tribunaux
« correctionnels se croient sans moyens pour réprimer de
« pareils désordres faute de lois à ce sujet, — vu les art. 5 à
« 12, 14, 17 et 18, tit. XXX de l'ordonnance de 1669 qui
« contiennent diverses dispositions propres à régler l'exer-
« cice du droit de pêche de manière qu'il ne dégénère pas
« en abus, vu l'art. 609 du code des délits et des peines, et
« l'art. 11 de la loi du 12 vendémiaire an IV portant la
« faculté pour l'administration d'ordonner la réimpression,
« l'affiche et la publication des lois anciennes ou récentes,
« — considérant que la suppression du droit exclusif de la
« pêche, en donnant à chacun la faculté de pêcher dans les
« rivières navigables et flottables, n'entraine pas l'abroga-
« tion des règles établies pour la conservation des diffé-
« rentes espèces de poissons et pour le maintien de l'ordre
« et le respect des propriétés, qu'ainsi les articles ci-dessus
« visés de l'ordonnance de 1669 doivent continuer d'avoir
« leur exécution..... Arrête ce qui suit : Les articles 5,
« jusqu'à ces mots *pourvu que ce ne soit.....*, 6 jusqu'aux
« mots *et du carcan.....*, 7, 8, 9, 10, 11, 12, 14, 17 et 18, du
« titre XXXI de l'ordonnance des eaux et forêts, relatifs à la
« police de la pêche, continueront d'être exécutés..... etc. »

Ainsi le gouvernement au lieu de déclarer que la pêche
dans les cours d'eau navigables appartenant à l'État ne pouvait être exercée que sur l'autorisation de ses représentants,
constatait la faculté qu'avaient tous les citoyens indistincte-

ment de pêcher dans ces rivières, en se conformant seulement aux règlements de police édictés pour la conservation du poisson et le maintien de l'ordre public. Outre que cette théorie avait des conséquences fâcheuses pour le respect des propriétés domaniales, elle privait le gouvernement d'un moyen de contrôle et l'État d'un revenu certain.

La loi du 14 floréal an X revint à une meilleure appréciation des faits et du droit. Elle défendit de pêcher dans les fleuves et rivières navigables à quiconque ne serait pas muni d'une licence ou adjudicataire de la ferme de la pêche. Le gouvernement déterminait les parties des fleuves et rivières où il jugerait la pêche susceptible d'être mise en ferme et frappait tout contrevenant qui pêcherait autrement qu'à la ligne flottante et à la main, d'une amende de 50 à 200 francs avec confiscation des engins et dommages-intérêts. La police, la surveillance et la conservation de la pêche étaient confiées aux agents de l'administration forestière définitivement organisée depuis le 6 pluviôse an IX, et les délits constatés, poursuivis et punis de la même manière que les délits forestiers. — Deux ans après, cette loi était confirmée par un arrêté gouvernemental du 17 nivôse an XII.

Cependant les anciens possesseurs des droits de pêche dans les cours d'eau navigables n'avaient pas perdu tout espoir. Ils soutenaient que l'ordonnance de 1669, loin d'avoir été abrogée, avait au contraire été reconnue en vigueur dans quelques-unes de ses parties; qu'au moins les concessions antérieures à 1566 avaient été formellement maintenues. Ils demandaient que leur droit fut légalement reconnu. Le Conseil d'État fut saisi de la question, et dans un avis du 14 thermidor an XII, il décida qu'il n'y avait pas lieu d'adopter le projet de décret présenté par le gouvernement pour la double raison : 1° que la Convention nationale ayant, par son décret du 30 juillet 1793, rangé les droits exclusifs de pêche et de chasse dans la classe des droits féodaux supprimés sans indemnité, le droit de pêche se trouvait irrévocablement anéanti dans la main de ceux qui en jouissaient, soit patrimonialement, soit à titre d'engagiste ou d'échangiste ; et 2° que le rétablissement du droit exclusif de pêche dans les fleuves et rivières navigables, ordonné en faveur de l'État par le titre V de la loi du 14 floréal an X, n'avait apporté à l'égard des particuliers aucun changement dans la législation établie par le décret du 30 juillet 1793. — Ainsi dans les rivières navigables, le droit de pêche appartient exclusivement à l'État qui en dispose et l'approfite sans pouvoir l'aliéner définitivement.

En était-il de même dans les rivières seulement flottables? La question pouvait paraître plus délicate. Elle se présenta en 1821 à l'occasion d'une décision du ministre des finances du 6 novembre précédent, qui prescrivait la mise en ferme de parties des rivières de la Meurthe et de la Moselle. Le Conseil d'État fut saisi, et par un avis du 21 février 1822, « considérant que les rivières flottables sur trains ou radeaux, sont de leur nature navigables pour toute embarcation ayant le même tirant d'eau que le train ou radeau flottant, — que les rivières flottables de cette espèce ont été considérées comme rivières navigables, soit par l'ordonnance de 1669, soit par les premières instructions données pour l'exécution de la loi du 14 floréal an X ; que dès lors les rivières flottables sur trains ou radeaux dont l'entretien est à la charge de l'État, se trouvent comprises parmi les rivières navigables dont la pêche peut, aux termes de la dite loi, être affermée au profit de l'État; — qu'il est impossible au contraire d'appliquer les dispositions de cette loi aux cours d'eau qui ne sont flottables qu'à bûches perdues et qui ne peuvent, sous aucun rapport, être considérées comme rivières navigables, — il a été d'avis : 1° que l'État a droit d'affermer, en vertu de la loi du 14 floréal an X, la pêche des rivières qui sont navigables sur bateaux, trains ou radeaux et dont l'entretien n'est pas à la charge des propriétaires riverains; 2° que ce droit ne peut s'étendre en aucun cas aux rivières ou ruisseaux qui ne sont flottables qu'à bûches perdues. » — Par ces différentes décisions, les droits du domaine étaient reconnus et limités.

Il n'en était pas de même des droits des particuliers. Ils avaient été laissés dans l'ombre. On s'était bien préoccupé de ce qui avait trait à la pêche dans les rivières navigables, mais de celle qui pouvait s'exercer dans les rivières non navigables on n'en avait jamais parlé. Bien que la Révolution eût été faite au profit du peuple, on en arrivait à se demander à qui cette pêche appartenait.

La question fut portée devant l'Assemblée nationale. Examinée par le Comité féodal et par les Comités réunis des finances, de l'agriculture et du commerce, elle a été l'objet d'un rapport déposé le 23 avril 1791 par le député Arnoult : « La faculté de pêcher doit-elle être accordée « indistinctement à tous les citoyens? N'appartiendra-t-elle « qu'à ceux dont les propriétés sont baignées par les cours « d'eau? Ce droit formera-t-il la propriété spéciale des muni- « cipalités dont le territoire est traversé par les rivières ?

« Convient-il au bien général de l'empire de soumettre la
« pêche à un régime qui soit tout à la fois utile aux finances
« de l'État et profitable aux subsistances publiques? »

Après avoir discuté ces questions (p. 25 et suivantes), le
rapporteur concluait ainsi : « L'abandon de la pêche ne
« procurerait aucun avantage réel aux citoyens; la liberté
« indéfinie de pêcher serait une source intarissable de
« désordres. Le produit de *toutes* les rivières du royaume
« formera dès à présent un revenu considérable qu'une
« police sévère et de bonnes lois ne peuvent manquer d'amé-
« liorer..... En conséquence, nous vous proposons de
« décider : 1° que la pêche des fleuves et rivières est une
« propriété commune et nationale; à la Nation appartient
« le droit d'en régler l'exercice et l'usage. Les fruits de la
« pêche étant un moyen général de subsistance, la pêche
« des fleuves et des rivières sera exercée au nom de la
« Nation et au profit du trésor public... » Aucune suite ne
fut donnée à ce rapport renvoyé à l'examen d'une autre
législature. — Ce n'était pas une solution, mais il semblait
cependant résulter de l'opinion des membres de l'Assemblée
que les droits des particuliers cédaient devant ceux de la
collectivité. Les communes en profitèrent pour réclamer la
pêche des rivières qui traversaient leur territoire. Le Conseil
d'État fut encore consulté. Après avoir considéré : 1° que la
pêche des rivières non navigables faisait partie des droits
féodaux puisqu'elle était réservée en France soit au seigneur
haut justicier, soit au seigneur du fief; — 2° que l'abolition
de la féodalité a été faite, non au profit des communes,
mais bien au profit des vassaux qui sont devenus libres dans
leurs personnes et dans leurs propriétés; — 3° que les pro-

priétaires riverains sont exposés à tous les inconvénients attachés au voisinage des rivières non navigables (dont les lois d'ailleurs n'ont pas réservé des avant-bords destinés aux usages publics) ; que les lois et arrêtés du gouvernement les assujettissent à la dépense du curage et à l'entretien de ces rivières, et que dans les principes de l'équité naturelle, celui qui supporte les charges doit aussi jouir des bénéfices ; — 4° enfin que le droit de pêche des rivières non navigables accordé aux communes serait une servitude pour les propriétés des particuliers, et que cette servitude n'existe pas aux termes du Code civil, — il a été d'avis que la pêche des rivières non navigables ne peut, dans aucun cas, appartenir aux communes ; que les propriétaires riverains doivent en jouir, sans pouvoir cependant exercer ce droit autrement qu'en se conformant aux lois générales ou règlements locaux concernant la pêche, ni le conserver lorsque par la suite une rivière réputée non navigable devient navigable, et qu'en conséquence tous les actes de l'autorité administrative qui auraient mis des communes en possession de ce droit devaient être déclarés nuls. »

On a remarqué que, tout en attribuant le droit de pêche aux riverains dans les rivières non navigables, le Conseil d'État s'est gardé de le définir. Il ne dit pas que c'est un droit de propriété ou l'un de ses démembrements ; il reste dans le vague : c'est un droit équitable, qui dérive au profit des particuliers de l'abolition de la féodalité, qui est inhérent à la propriété riveraine, mais qui est essentiellement conditionnel. Ce droit peut s'éteindre d'un jour à l'autre avec le changement de condition des rivières, il est attaché à la propriété du rivage et soumis à des règles spéciales de police établies dans un but d'intérêt général. — Dans ces conditions, il était difficile de voir dans la faculté de pêcher réservée à une classe spéciale de citoyens un droit véritable de propriété. Nous n'avons pas l'intention de discuter la question de savoir à qui appartiennent les rivières non navigables. Constatons seulement que, d'après le Conseil d'État, le droit d'y pêcher ne semble pas constituer un démembrement de la propriété.

Le Code civil (décret du 20 germinal an XI) n'a pas davantage tranché la question. Dans l'article 715, il parle seulement de la *faculté* de pêcher. La loi spéciale du 15 avril 1829, à laquelle nous arrêterons nos recherches, ne nous en apprend pas plus. Elle se borne à dire dans l'article 2 : « Dans toutes les rivières et canaux autres que ceux qui « sont désignés dans l'article précédent (c'est-à-dire les « cours d'eau navigables ou flottables), les propriétaires « riverains auront chacun de son côté le droit de pêche « jusqu'au milieu du cours de l'eau, sans préjudice des « droits contraires établis par possession ou titres. » La question n'a pas fait un pas ; elle est restée ce qu'elle était. La faculté de pêcher constitue incontestablemennt un *droit*, la loi le dit elle-même, mais ce droit est d'une nature spéciale, sorte de servitude établie au profit d'un fonds auquel il reste définitivement attaché et qui s'exerce dans les conditions établies par la loi jusqu'au milieu de la rivière, sans préjudice des droits contraires et des contrats qui reconnaîtraient au profit d'un seul des riverains la faculté de pêcher dans la totalité du lit de la rivière. C'est le seul cas où la loi comme la jurisprudence admettent la séparation du droit de pêche de la propriété riveraine. Encore, n'est-ce pas une exception, puisque par la convention, la pêche est encore attachée à la propriété de la rive, mais elle l'est pour la totalité au lieu de l'être pour partie.

La loi du 15 avril 1829, en consacrant le droit des riverains, devait leur donner le moyen de se protéger. Elle édicte dans l'article 5 que tout individu qui se livrera à la pêche sur les canaux, ruisseaux ou cours d'eau quelconques sans la permission de celui à qui le droit de pêche appartient sera condamné à une amende de vingt à cent francs, à tous dommages-intérêts, ainsi qu'à la restitution du prix du poisson pêché en délit et à la confiscation des engins.

Si le droit des particuliers n'a pas été modifié, celui de l'État ne l'a pas été davantage. L'État exerce le droit de pêche dans les fleuves, rivières, canaux, et contre fossés navigables ou flottables avec bateaux, trains ou radeaux et dont l'entretien est à sa charge, ainsi que dans les bras, noues, boires et fossés qui en tirent leurs eaux et dans lesquelles on peut, en tout temps, pénétrer librement en bateau de pêcheur. Ne sont exceptés que les canaux et fossés existants, ou qui seraient creusés dans des propriétés particulières et qui sont entretenues non seulement de fait, mais obligatoirement aux frais des propriétaires. L'État, propriétaire du droit de pêche, a droit d'en tirer tous profits qu'il juge utiles, soit par la pêche directe, soit par l'affermage dans les conditions indiquées par la loi et les règlements.

Nous considérerions notre tâche comme accomplie, car nous n'avons pas l'inutile prétention de faire connaître les règles que le législateur de 1829 a cru devoir édicter pour la conservation et la police de la pêche; elles sont toutes écrites dans le titre IV de la loi et ne sont d'ailleurs qu'une copie de l'ordonnance de 1669 avec des modifications nécessaires de détail et de pénalité. Mais nous ne voulons pas cependant terminer cette étude sans dire un mot de la pêche dans les étangs, viviers et réservoirs.

Elle ne tombe pas sous l'application de la loi de 1829, réservée à la pêche fluviale. Elle ne constitue que le simple exercice du droit de propriété. Elle ne tient pas compte des règles établies par cette loi spéciale pour la conservation du poisson. Elle s'exerce dans les temps et par les moyens que le propriétaire juge convenable. Le poisson lui appartient, et dès lors, la capture n'en est pas défendue et réprimée par la législation portant police des cours d'eau, mais par l'article 388 du Code pénal qui punit le vol du poisson dans les étangs, d'un an à cinq ans de prison et d'une amende de seize à cinq cents francs.

Le droit que le propriétaire de l'étang ou du réservoir a sur son poisson est bien un droit de propriété. Dès lors, contrairement à ce qui se passe en matière de pêche fluviale, il peut être aliéné. Il l'est en même temps que l'étang lui-même aussi bien qu'il peut faire l'objet d'une réserve ou d'une cession particulière.

Ce droit, si complet qu'il puisse être, s'affaiblit cependant dans certaines circonstances, à raison de la nature sauvage de l'objet auquel il s'applique : il s'éteint lorsque les poissons abandonnent eux-mêmes l'étang où ils ont été placés et passent dans un autre sans y avoir été attirés par fraude ou artifice (art. 564 c. c.)

Telle a été l'histoire de la pêche en France : le citoyen inoffensif qui se livre aux douceurs de la ligne flottante, le marinier qui relève paisiblement ses filets ne se doutent guère que l'objet de leurs plaisirs et de leur industrie a des annales aussi largement remplies de dépossessions violentes, de restitutions exigées. Pour arriver à l'époque du calme dans le droit la lutte a été longue, séculaire, mais elle s'est terminée par la victoire de la justice et de l'égalité. C'est le meilleur et le plus durable de tous les succès.

TABLE DES MATIÈRES